AF452131

VIGNES AMÉRICAINES

COMPTE RENDU

DES

RÉUNIONS PUBLIQUES

Organisées par la Société centrale d'Agriculture de l'Hérault

A L'ÉCOLE D'AGRICULTURE DE MONTPELLIER

les 8 et 9 Mai 1885

MONTPELLIER

TYPOGR. GROLLIER ET FILS, IMPRIMEURS DE LA SOCIÉTÉ D'AGRICULTURE

Boulevard du Peyrou, 7 et 9

1885

VIGNES AMÉRICAINES

RÉUNIONS PUBLIQUES

ORGANISÉES

Par la Société centrale d'Agriculture de l'Hérault à l'École d'Agriculture de Montpellier

Les 8 et 9 Mai 1885

COMPTE RENDU DE LA 1re SÉANCE

VENDREDI MATIN 8 MARS 1885

PRÉSIDENCE DE M. L. VIALLA

Président de la Société centrale d'Agriculture de l'Hérault

Prennent place au bureau MM. H. MARÈS, Gaston BAZILLE, PLANCHON, G. FOEX, LAURENT;

Secrétaires : MM. BOYER, FALLOT, HOUDAILLE, RAVAZ.

M. Louis Vialla ouvre la séance en prononçant l'allocution suivante :

» MESSIEURS,

» Je dois d'abord vous remercier de l'empressement que vous avez mis à répondre à l'appel que la Société d'Agriculture vous a adressé.

» Il y a déjà bien longtemps que nous avons pris l'ha-

16

bitude de nous réunir tous les ans comme nous le faisons aujourd'hui, pour discuter entre nous les questions concernant la reconstitution de nos vignes. Ne pensez-vous pas comme moi que nos réunions n'ont pas été sans influence sur l'heureuse issue de la crise terrible que nous avons traversée et dont nous sommes sur le point de sortir? Nos succès, qu'on ne pourrait pas contester sans injustice, tiennent d'abord à la persévérance et à l'énergie des efforts que nous avons faits tous ensemble, mais ils tiennent aussi beaucoup à la méthode sage et prudente que nous avons toujours suivie et qui a consisté à proscrire les longs discours, les longues théories, et à nous appuyer sans cesse sur les observations et sur les expériences faites autour de nous.

» Je n'ai pas besoin de vous rappeler que nos réunions n'ont pas eu lieu cette année à l'époque habituelle; elles ont été retardées de deux mois environ, à cause du concours régional. Espérons que ce retard, si facile à comprendre, ne les rendra pas moins fécondes en bons résultats.

» Permettez-moi, avant de commencer nos discussions, de vous faire une communication bien consolante. L'année dernière, la commission chargée de déguster les vins présentés à notre exposition nous fit connaître ses appréciations sur la qualité et l'avenir de nos vins de production nouvelle. Il nous fut dit, vous devez vous en souvenir, que ces vins seraient *au moins aussi bons* que ceux que nous faisions autrefois. L'impression du jury de cette année a été encore meilleure. Si la qualité des vins produits par les vignes françaises résistantes encore a paru diminuer un peu, sans doute à cause des progrès du phylloxera, la qualité des vins de nos vignes américaines greffées et non greffées s'est beaucoup améliorée. L'âge plus avancé de ces vignes, et plus d'habileté de notre part dans l'art de faire le vin qu'elles nous donnent, ont amené ces bons résultats.

» Je dois vous signaler d'une manière particulière l'amélioration constatée dans les vins de Jacquez. Un échantillon de ce vin, présenté par M. Martial de Montbazin, très beau et tout-à-fait irréprochable au point de vue de la couleur, a été trouvé aussi bon au point de vue du goût qu'un vin de Bandol présenté comme lui à notre exposition, et vous savez tous, Messieurs, ce qu'est un vin de Bandol.

» Je dois vous signaler encore quelques échantillons d'Othello trouvés fort bons. Le jury pourtant a refusé de se prononcer sur le mérite définitif de ce vin. D'autres échantillons dégustés ayant paru faibles et inférieurs, un membre du jury a déclaré, que la qualité de ce vin n'était pas encore suffisamment établie.

» Je ne vous dirai rien pour le moment, des vins donnés par nos anciens cépages français, greffés sur vignes américaines, Aramons, Carignanes, Cinsauts, etc., mais je dois vous signaler un vin produit par l'Alicante Henri-Bouschet, greffé sur vignes américaines, qui a été déclaré par le jury tout entier magnifique et excellent.

» Nous allons, Messieurs, nous mettre immédiatement à l'œuvre; mais je crois que nous ferons bien de passer rapidement, sans toutefois les supprimer complétement, sur les questions que nous avons déjà traitées si souvent : résistance des cépages, adaptation, modes de greffage, etc.; nous aurons ainsi plus de temps à consacrer aux questions nouvelles qui se présentent : les maladies, les échecs survenus aux cépages américains greffés et non greffés, la quantité et la qualité des vins produits par divers cépages greffés, et la question économique des vins.

» Un mot encore, Messieurs; d'après les renseignements qui m'ont été donnés, M. le Ministre de l'Agriculture doit arriver à Montpellier demain vendredi, à 10 heures 1/2 du matin. Il recevra dans l'après-midi les autorités civiles et militaires, vers 3 heures il partira pour l'École d'Agriculture qu'il veut visiter, et il se rendra à notre réunion du soir. Pour nous conformer à ce programme et pour rendre plus facile la visite qui nous est annoncée, cette réunion ne commencera demain, si vous le voulez bien, qu'à 3 heures de l'après-midi.

Les Ministres de l'Agriculture voient souvent à Paris de grandes réunions agricoles, composées de savants illustres, de grands propriétaires, d'habiles praticiens; mais ils voient rarement des réunions composées d'agriculteurs attachés à la terre, d'aussi près que nous. »

Jacquez : producteur direct et porte-greffe

M. VIALLA propose à l'Assemblée de commencer la discussion par la revue des cépages américains les plus répandus dans les cultures actuelles.

En première ligne il propose l'étude du Jacquez.

M. Gaston Bazille fait remarquer à l'Assemblée que les attaques répétées du mildew et de l'anthracnose, durant ces deux dernières années, l'ont obligé, et, ont contraint aussi beaucoup de propriétaires, à greffer une partie de leurs Jacquez conservés jusqu'à ce jour comme producteurs directs. Il a, en outre, greffé certains Jacquez, mauvais ou insuffisants comme production.

M. Paul Douysset cultive le Jacquez depuis qu'il a importé ce cépage du Texas en France, c'est-à-dire depuis 1876. Il a 80,000 pieds de Jacquez occupant une surface de 20 hectares et cultivés directement, après avoir été sélectionnés.

La vigueur et la fertilité de ses vignes augmente avec l'âge, et, dans les nouvelles plantations, le Jacquez est le seul plant qu'il admette.

La récolte de 1884 fut diminuée chez lui, comme qualité et comme quantité, par trois orages de grêle qui firent de grands ravages dans ses vignes. Cependant il obtint encore 49 hectolitres de vin par hectare, et il vendit son vin de Jacquez 40 francs l'hectolitre.

Dans les terres noirâtres, le vin de Jacquez aurait eu une teinte bleue, et, dans les terres blanches, une teinte jaune. Par le plâtrage, ces deux teintes passèrent au rouge velouté.

Dans les terres rouges, le vin fut d'un beau rouge, sans le secours d'aucun adjuvant à la cuve.

Ses vignes de Jacquez n'ont jamais été ravagées par

le peronospora, tandis que ses pépinières de ce cépage
le sont chaque année. Il attribue cette immunité de ses
vignes à leur âge d'abord, et, ensuite, à des soufrages
répétés avec le soufre sublimé.

M. FAUDRIN cite les relevés qu'il a faits dans les
Bouches-du-Rhône en 1884 relativement à la fructification du Jacquez.

Il a compté jusqu'à 142 grappes sur des pieds de
Jacquez âgés de 5 ans.

Sa fructification est donc abondante. Quant à son
vin, dans un sol argilo-calcaire, il n'a pas remarqué
la teinte jaunâtre.

Dans le but de conserver au vin sa couleur initiale,
il a fait du vin de Jacquez vierge, ayant fermenté
sans marc, du vin chauffé à l'ébullition et du vin cuit.
Ce dernier a été trouvé de qualité parfaite et comparé au vin de Bandols. Sa couleur rouge vive n'a
subi aucune altération en vieillissant.

M. PLANCHON insiste sur la culture des Jacquez
dans les terrains blancs à sous-sol marneux. Ces
terrains, généralement peu favorables aux plants
américains, sont-ils mieux acceptés par le Jacquez?
A-t-on reconnu, comme aux environs de Montpellier,
que le Jacquez n'y jaunisse point ?

M. VIALLA dit que dans les terres blanches le
Jacquez est, après le Solonis, le cépage le plus résistant à la chlorose.

M. DESPETIS, trouve comme M. le Président, que le
Jacquez est une des vignes américaines qui se chlorose
le moins dans les terres blanches. Cependant il y est
quelquefois sujet dans certains cas.

Dans les propriétés situées dans la commune de Pinet se trouve, au milieu d'un plantier de 4 ans fort beau, une tache blanche où le Jacquez est chlorosé et meurt.

Dans la même commune, dans une terre fort riche, au bas d'un plantier de Jacquez très-florissant, se trouve également une tache chlorosée. Ce sol, composé d'alluvions très grasses, contient du sable très-fin et très-tassé, ce qui empêche la circulation de l'air autour des racines.

M. Despetis compte draîner ce terrain et fournira aux prochaines conférences de nouvelles indications sur les résultats obtenus en drainant.

M. J. Leenhardt constate les mêmes faits chez lui au point de vue de la chlorose.

Mais le point capital, à son avis, celui sur lequel on ne saurait trop insister pour l'étudier, est la sensibilité du Jacquez aux attaques du mildiou. Les ravages occasionnés par cette cryptogame dans ses plantations ont été tels qu'il a dû greffer une partie de ses plus anciennes plantations de Jacquez.

M. Vialla propose à l'Assemblée l'étude du Jacquez comme porte-greffe.

M. de Montlaur se félicite du résultat qu'il obtient en greffant le Jacquez. Il en a greffé 120,000 pieds dont 80,000 en Aramon et Alicante-Bouschet. Ces greffes ont été faites en plaine et en coteaux. Dans les deux cas la réussite a été remarquable. Les soudures sont irréprochables et ne présentent point les bourrelets, si communs chez les greffes faites sur Riparia.

Les Alicante-Bouschet greffés en 1884 sont cette année couverts de raisins (15 à 20 en moyenne par souche).

La plupart de ces Jacquez greffés ont été plantés en 1881 et 1884.

M. VIALLA interroge l'Assemblée sur les dépérissements de Jacquez de divers âges. L'Assemblée est invitée à donner quelques renseignements sur cette question. Ces dépérissements sont-ils confirmés ?

M. ARNAUD cite des Jacquez, dans le territoire de Montagnac, qui, dans un sol argilo-calcaire, ont périclité à la cinquième année.

Chez M. MARTIAL, à Montbazin, le même fait s'est produit et des Jacquez âgés de six ans y faiblissent depuis trois ans déjà. Une centaine de pieds ont été arrachés l'an passé et cette année un égal nombre.

Le sol de cette plantation est une alluvion fraîche.

Au sujet du dépérissement constaté chez M. Martial, M. GASTON BAZILLE, M. VIALLA et divers membres posent quelques questions :

Le mildew, l'anthracnose n'ont-ils pas affaibli ces Jacquez ?

Leurs racines étaient-elles saines ?

Le sol n'est-il pas une de ces alluvions où l'eau séjourne, condition que le Jacquez redoute ?

M. DE MONTLAUR croit devoir signaler une observation inattendue sur une vigne de Jacquez, à végétation splendide sur certains sujets, médiocre sur d'autres, qui lui a donné, après greffage, un résultat qui l'a surpris : les souches les plus belles et dont la végétation ne laissait rien à désirer ont été comme foudroyées. Le greffon est mort et, à la suite de l'opération, le Jacquez porte-greffe ne s'est pas relevé.

M. Paul Douysset a greffé 20,000 pieds de Jacquez, occupant une surface de 5 hectares en Aramons, Carignans, Alicante-Henri-Bouschet, Aramons-Teinturier-Bouschet, et Terret-Bouschet. La reprise a été de 99 %, la végétation magnifique, et la fertilité, à la première année de la greffe, de 25 hectolitres par hectare.

La greffe sur Riparia ne lui a jamais donné de pareils résultats. Il compte que ses greffes sur Jacquez lui rendront, cette année-ci, 160 hectolitres par hectare. Chez lui, c'est le Carignan que le Jacquez porte le mieux, alors qu'au contraire le Riparia porte le Carignan assez mal.

Il ajoute qu'au fur et à mesure que le Jacquez vieillit, le phylloxera s'y montre de plus en plus rare. Qu'importe d'ailleurs le nombre de phylloxeras que pourront présenter les racines puisque, dans tous les terrains absolument dans tous, le Jacquez se montre aussi vigoureux que le Riparia, réputé indemne, bien qu'il ne le soit pas du tout ?

M. Despetis n'est pas partisan du Jacquez comme porte-greffe. On ne doit pas le greffer d'une façon à peu près absolue dans les terrains où il ne fait pas la pousse d'Août.

Il est à craindre en effet, dans ces conditions, où il est déprimé par suite du phylloxera, de voir les greffes s'affaiblir rapidement.

On doit comme porte-greffes ajouter une grande importance à la plus ou moins grande quantité d'insectes qu'on trouve sur les racines, et donner toujours la préférence au plant qui en porte le moins. Dans les coteaux des environs de Béziers on a constaté des cas de dépérissement de greffes sur Jacquez, qui doivent inspirer une grande prudence dans l'emploi de ce cépage comme porte-greffe.

En terrain riche et frais, il se comportera certainement beaucoup mieux, et pourra alors être employé sans inconvénient ; mais, dans ces conditions, M. Despestis trouve sa production fort suffisante, étant données les qualités de son vin, et préfèrera l'utiliser comme producteur-direct.

M. Vialla dit que beaucoup de viticulteurs ne partagent pas les opinions de M. le docteur Despetis, et considèrent le Jacquez comme un bon porte-greffe.

Prétendre que le Jacquez n'est apte à prospérer que dans certains fonds est contredit par l'expérience, car c'est un de ceux qui réussissent et végètent avec vigueur dans presque tous les mauvais sols, et qu'enfin les bons fonds, dont parle M. Despetis, ne peuvent avoir la prétention d'être un préservatif contre le phylloxera.

M. Vialla en appelle d'ailleurs à M. Henri Mion qui a chez lui le Jacquez comme porte-greffe et producteur direct.

M. Henri Mion confirme ce que vient de dire M. Vialla et ajoute qu'il est satisfait de ses Jacquez.

M. Jullian a l'une des plus anciennes plantations de Jacquez. Il a toujours été satisfait de ce plant, soit comme producteur direct, soit comme porte-greffe. Ses greffes d'Aramons et de Carignane sont superbes sur Jacquez; il a même remplacé le Taylor par le Jacquez, comme porte-greffe.

M. MASSOL a, dans un bon sol, une vigne de Jacquez, âgée de 4 ans, qui se comporte généralement bien, quoique certaines souches aient dépéri sous l'influence de conditions qu'il ignore.

M. MARTIN fait observer qu'après une visite qu'il a faite à M. Massol, il a pu constater que c'est le Mildew, suivi du Rot, qui a tué les souches de Jacquez de M. Massol.

M. H. MARÈS. Au mas de Las Sorres, M. H. Marès a fait de nombreuses observations sur le Jacquez. Depuis qu'il y est planté, il l'a suivi chaque année. L'orateur fait ressortir pour ce cépage les avantages d'une taille longue. Taillé en 1883 sur une forme un peu longue, le Jacquez s'est montré en 1884 avec une belle végétation, de même l'année suivante. Il estime que pour le Jacquez, dont la vigueur est grande, il faut une taille longue, qui lui est très favorable. Au mas de Las Sorres dont le sol est d'une fertilité convenable, ce cépage peut donner beaucoup; si parfois dans d'autres milieux il ne se comporte pas bien, les causes pour M. Marès en sont multiples. Elles se rapportent à l'état physique, à la composition chimique du sol. Les terrains mouilleux, mal ressuyés, maintenant le sol humide, sont défavorables au Jacquez. Souvent alors apparaissent des taches, et il n'est pas étonnant que le Jacquez succombe; d'autres plants ne résisteraient guère mieux. Dans ces conditions, ce cépage est d'ailleurs particulièrement délicat, car il est très sujet à diverses maladies cryptogamiques, anthracnose, peronospora, aussi n'est-il pas prudent de le multiplier partout.

M. Marès de même que M. Despetis pense qu'il est dangereux de choisir comme porte-greffe un cépage sur lequel le phylloxera peut se développer beaucoup, et alors que les viticulteurs ont à refaire leurs vignobles, c'est là une considération fort importante et qui mérite toute leur attention. Ils doivent donc s'efforcer de ne greffer, parmi les plants propres à leurs climats, leurs sols, que ceux qui sont le moins attaqués ; à ses yeux, c'est une considération fondamentale.

Le Jacquez considéré comme producteur direct appelle encore de nouvelles études : son vin est accusé d'instabilité, il passe à la couleur bleue, il donne des dépôts considérables, des troubles. Avec M. Douysset, M. Marès constate que selon son origine le vin de Jacquez est plus ou moins grossier; suivant l'année, le sol, l'époque de la récolte, l'action des parasites, on obtient des produits dont les qualités sont différentes.

M. Sabatier ajoute que le Jacquez fait en mélange avec l'Aramon, poids pour poids, lui a donné un vin remarquable.

M. Vialla croit bon de rappeler aux membres de l'assemblée que le jury chargé de la dégustation des vins de l'exposition collective de la Société d'agriculture de l'Hérault recommande le mélange du Jacquez dans la proportion de 1/4 à 1/5.

Othello.

M. Vialla propose à l'assemblée l'étude de l'Othello.

M. Sabatier dit être très satisfait de la culture de l'Othello; tellement satisfait qu'il en accroît chaque année le nombre dans ses plantations. Ses plus vieux Othellos, plantés en 1876, sont toujours demeurés résistants au phylloxera. Il ne les a pas soufrés.

M. Foex demande comment l'Othello se comporte vis-à-vis du mildew.

M. Sabatier répond que chez lui l'Othello résiste mieux au mildew que le Jacquez, et qu'il n'a pas souffert des attaques de cette cryptogame.

M. Reich dit que, soit à l'Armeillère, soit chez M. Robin, l'Othello a toujours présenté cette remarquable qualité de n'être pas coulard. Son vin se vend de 55 à 60 fr. l'hectolitre.

M. Martin cultive l'Othello depuis deux ans dans des sols ingrats, des argiles blanches, où ce cépage est demeuré admirable de résistance et de production. Aussi l'estime-t-il beaucoup.

M. Despetis dit, d'après Mme Ponsot, que l'Othello est fortement attaqué par le Peronospora, bien qu'il se comporte mieux que la plupart des vignes françaises, et conserve assez souvent une partie du parenchyme des feuilles atteintes.

Chez lui, il continue à végéter médiocrement franc de pied, tandis qu'il est superbe dans les mêmes pièces de terre, une fois greffé sur Riparia.

M. Laurent a vu dans une vigne de Jacquez coutenant des Othellos, les Jacquez atteints du mildew en juin et les Othellos demeurer indemnes.

En automne, après la vendange, une seconde et très forte attaque de mildew a atteint alors les Jacquez et les Othellos. Les Jacquez ont perdu leurs feuilles et n'ont pu aoûter leur bois, tandis que les Othellos ont conservé leurs feuilles et ont très bien aoûté leur bois.

M. JULLIAN cultive des Othellos sur des terres blanches et est très satisfait de leur excellente tenue.

M. FAUDRIN dit que dans un sol argilo-calcaire l'Othello a jauni au bout de trois ans, tandis que le Jacquez est resté vert.

M. BERGAGNON a vu, au contraire, le Jacquez se chloroser et le Riparia mourir dans un sol argileux où l'Othello reste beau après quatre années de plantation.

M. DOUYSSET voit, dans un sol argilo-calcaire à sous-sol crayeux, les Jacquez demeurer superbes et les Othellos y dépérir. Chez lui, depuis la quatrième feuille, l'Othello ne lui a donné à enregistrer que des actes de décès.

Un membre de l'Assemblée fait remarquer que, par rapport aux maladies cryptogamiques, la nature des cépages n'est pas la seule condition qui préside au développement électif de la maladie. Dans les Bouches-du-Rhône, le Jacquez, très sensible au mildew est resté, dans certains vignobles, plus indemne que d'autres cépages réputés plus résistants à ce point de vue. Les conditions de milieu semblent donc jouer un rôle qu'il serait intéressant et utile de déterminer.

Triumph.

M. Sabatier cultive le Triumph depuis quelques années. Ses premiers sujets lui viennent de M. Reich. Il ne saurait trop louer l'abondante production de ce cépage et même la qualité de son vin. Mélangé à moitié Jacquez, il donne un coupage d'un rouge superbe agrémenté d'un bouquet corrigeant la platitude du Jacquez. M. Messine, qui s'est rendu acquéreur de ce vin, l'a caractérisé par les épithètes de beau et de bon.

La culture de ce cépage est trop récente encore pour donner des garanties suffisantes de résistance ; mais si l'épreuve qui se poursuit confirme cette résistance, on peut affirmer qu'avec l'Othello et le Jacquez, la plantation des producteurs directs ne serait plus l'exception, mais bien la règle.

M. Reich cultive, sur l'emplacement des vignes phylloxérées, dans les alluvions profondes de l'Armeillères, le Triumph, qui semble demander un terrain un peu spécial. Le terrain de M. Reich, où abondent les cailloux roulés et situé à 300 mètres d'altitude, lui paraît très favorable. M. Reich reproche surtout au Triumph d'être un hybride de Chasselas et de Concord ; la peau de son raisin se fendille fréquemment lorsque les pluies coïncident avec le moment de la récolte, et la pourriture s'en suit.

Chez M. Champin, le Triumph prospère depuis quatre ou cinq années.

M. Despetis fait remarquer que si l'on fait exception pour l'Ives Seedling, le château de Salettes est le Paradis des Vignes Américaines, où toutes prospèrent.

Berlandieri.

M. Marès a reçu de M. Bourgade, il y a plusieurs années, une nombreuse collection d'Æstivalis sauvages. Leur reprise difficile ne permit d'obtenir que 400 sujets, parmi eux, la plupart mêlés de quelques Cinerea, qui furent reconnus appartenir à diverses variétés de Berlandieri, dont quelques-unes fournirent des porte-greffes aussi vigoureux que les plus beaux Riparias. L'enracinement est sans doute difficile; mais en prenant le plus gros bois et les mettant à raciner au moment de l'entrée en sève, on a pu obtenir une réussite de 1/2 et même de 2/3. De plus, l'examen des racines n'a pas révélé la présence du phylloxera : cette immunité est pour le Berlandieri une puissante recommandation; il suffit, pour que ce cépage prenne place à côté du Riparia, de s'attacher à sélectionner les variétés qui présenteront le bouturage le plus facile. Le champ d'étude du Mas de la Sorres possède un petit nombre de Berlandieris qui, greffés en Aramon, sont d'une beauté exceptionnelle.

M. Planchon rappelle que c'est M. Paul Douysset qui introduisit le Berlandieri sous le nom de Surret-Mountain.

Des semis faits en 1873 lui ont donné des pieds mâles, qui lui ont fourni des sujets remarquables par leur belle végétation et, comme porte-greffe, d'une puissance extraordinaire.

M. Paul Douysset a déplacé et transplanté plus de dix fois le Berlandieri provenant des semis de 1873.

Le lieu de la plantation définitive est un sol argilo-calcaire à sous-sol crayeux. Cinquante souches ven-dangées cette année ont fourni la production minima par pied de 12 kilog.

Il ajoute que les Berlandieris du Mas de Las Sorres et de l'École d'agriculture proviennent de ses semis de 1873.

M. Despetis a partagé l'envoi de M. Marès et a trouvé des types assez differents du Berlandieri de l'École d'agriculture, provenant des semis de M. Plan-chon (1873). Il ramène les premiers à deux sous-va-riétés, qu'il caractérise en comparant l'une au Cinerea vert, l'autre au Cinerea gris. La qualité de ce cépage lui paraît médiocre, et la divergence de son appréciation recevrait sans doute un commencement d'explication, si l'on admettait, comme il l'a constaté plusieurs fois, qu'un sujet greffé sur un semis, se développe mieux que sur les boutures qui sont provenues de ce même pied.

Il a constaté cette supériorité des pieds-mères de semis pour plusieurs variétés.

M. Foex a sélectionné les Berlandieris de l'École d'agriculture, en bouturant des séries de 20 sarments coupés séparément sur chaque souche de types diffé-rents.

Dans certaines séries, il a obtenu des reprises de 18,17,15 sur 20 de reprise.

Il continuera l'expérience cette année pour la contrôler et la rendre plus nette.

Afin de développer chez le Berlandieri la faculté de reprise au bouturage, il a cherché à l'hydrider avec le Riparia sauvage. Les graines résultant de l'hybridation sont à l'étude depuis cette année.

Solonis.

M. FAUDRIN. Dans certains sols, entre autres dans des argiles calcaires secs, c'est le Solonis qui s'est le mieux comporté comme porte-greffe. Il ne l'a jamais vu jaunir dans ces conditions.

M. DUPUY-MONTBRUN confirme les résultats constatés par M. Faudrin.

M. REICH dit que, dans la Crau, le Solonis et le Taylor rendent les plus éminents services comme porte-greffes.

Le Solonis est un des rares cépages américains qui acceptent les terrains salés, et l'emporte sur le Riparia.

M. VIALETTES. — Les Solonis poussent incontestablement mieux que les Riparias, dans quelques terrains blanchâtres, crayeux, et dans certaines argiles marneuses très favorables au développement de la chlorose.

Ces sols toutefois constituent l'exception et, dans ce cas, celle-ci est loin de confirmer la règle générale. Les Solonis, dans la grande majorité des terrains, sont pourtant d'excellents porte-greffes. Je dirai toutefois d'eux ce que je disais du Jacquez: lorsqu'on a mieux, on doit s'adresser au porte-greffe d'un ordre supérieur comme vigueur.

Or dans une plantation de Riparias bien sélectionnés, faite dans un terrain d'alluvion très-riche, j'avais deux rangées de Solonis. A la quatrième année mes Solonis, greffés en Aramon, Carignane et Alicante-Bouschet, étaient étranglés par leurs voisins trop envahissants, justifiant une fois de plus cette vérité qui, dans l'ordre animal comme dans l'ordre végétal, reçoit sa constante application : le faible succombe toujours sous les étreintes du fort.

M. Gaston Bazille cultive des Solonis qui prospèrent dans un terrain tuffeux où tous les autres plants dépérissent.

M. Despetis a remarqué que toutes les fois que le Solonis, sans paraître trop souffrant, se trouve cependant dans un sol où il ne peut atteindre toute sa vigueur, ce plant faiblit considérablement une fois greffé.

L'Aramon lui a paru le greffon qui venait le mieux sur ce cépage, dans ces circonstances spéciales.

M. Clareton n'a pas observé cette adaptation spéciale de l'Aramon pour le Solonis. Les greffes sur Solonis ont donné une production inférieure à celles faites sur d'autres porte-greffes.

Chez M. J. Leenhardt l'Aramon greffé sur Solonis a moins produit que le Piquepoul.

M. Bérard a observé dans son vignoble l'influence heureuse qu'exerce l'humidité du sol sur la végétation du Solonis. Des Aspirans greffés sur Solonis, dans la partie basse d'un terrain planté de ce cépage, lui ont donné une supériorité incontestable sur des Aramons greffés dans la partie haute du même terrain.

Pour lui le Solonis a une supériorité incontestable sur le Riparia : il n'y a qu'une variété de Solonis, tandis que les variétés de Riparia sont innombrables.

M. Arnaud cite des Solonis morts dans du terrain de garrigues.

M. Vialla résume la discussion et dit que, quoique le Solonis ne soit pas le porte-greffe généralement préféré dans les conditions ordinaires, il présente l'avantage de résister à la chlorose dans des terrains où les autres cépages ne se défendent pas.

York-Madeira

M. Faudrin dit avoir été très-satisfait de la végétation du York-Madeira dans des sols argilo-calcaires.

M. Vialettes. D'une façon générale les York-Madeira sont de beaucoup inférieurs aux Riparias comme porte-greffes. Ils se développent moins rapidement et moins bien. Nos greffes de 4 à 5 ans, placées côte à côte avec des greffes faites sur Riparia, donnent trois fois moins de fruit que ces dernières.

M. Vialla ne conteste pas la valeur de l'York comme porte-greffe, il demande si on ne pourrait pas l'utiliser avec profit dans certaines conditions de sol défavorables aux cépages américains que l'on emploie habituellement comme porte-greffes.

M. Vialettes. Dans des terrains à argile complètement bleue, dont la couche de 45 à 50 centimètres de profondeur en moyenne repose sur une assise de roc sans fissures, certaines espèces de Riparias se comportent à merveille, tandis que les York-Madeira végètent très-mal.

M. Despetis. M. Despetis possède des York-Madeira qui sont arrivés à leur 11me feuille. Quoiqu'ils se soient bien comportés dans les terrains argilo-calcaires rouges, il ne les a pas autant multipliés que le Riparia. Leur développement a été faible pendant les premières années, mais, dans la suite, ils ont poussé vigoureusement ; toutefois à partir de la 11me année, quelques pieds ont commencé à faiblir, sans qu'il ait pu en déterminer la cause.

Quant aux variétés françaises auxquelles le York-Madeira convient spécialement comme porte-greffe dans les terrains cités précédemment, la Carignane et la grande Étraire de l'Adhuis se font remarquer entre toutes par leur belle végétation. Un cépage espagnol à grand développement le Butayal ou Castallet tue constamment le York, quand on le greffe sur lui. Il se chlorose, se rabougrit et meurt, tandis qu'à côté, sur les pieds voisins, la grande Étraire continue à se développer magnifiquement.

Vialla

M. Planchon insiste sur l'importance qu'il y a à ne jamais porter de jugement absolu de la simple constatation d'un fait isolé.

De ce que tel cépage meurt dans certains terrains, on ne doit point en induire qu'il ne réussisse pas dans d'autres. Ainsi, chez lui, le Vialla dépérit ; dans le Beaujolais, au contraire, c'est le porte-greffe par excellence. Il demande si on en a obtenu de bons résultats dans le Midi.

M. Courty ne l'exclut pas complétement de ses vignobles. Il a pu l'apprécier sur les coteaux de Saint-Georges où, greffé depuis 6 ou 7 ans en Cinsauts, Carignane, etc., il produit annuellement 60 à 80 hectolitres de bon vin par hectare. Il porte très-bien la greffe ; la réussite atteint 98 % et quelquefois 100 %.

M. Vialla a expérimenté avec un soin tout particulier ce cépage, qui lui a été dédié par M. Laliman. Dans un sol argilo-calcaire profond, il s'est développé avec une vigueur remarquable. Mais dans un terrain même un peu rouge, et assez fertile, où il était associé à plusieurs autres variétés américaines, il n'a pas réussi ; ses greffes présentaient des symptômes de chlorose, tandis que tout à côté celles sur York-Madeira, Riparia, Herbemont, Taylor, etc., étaient très belles. M. Vialla a renoncé à son emploi ; dans les environ de Lyon, au contraire, c'est le porte-greffe le plus recherché.

A Lattes, chez M. Gaston Bazille, dans des alluvions fraîches, le Vialla y est rigoureux. Dans les terres de coteaux, formées par le diluvium alpin, terres légères, mais peu sèches, il prend encore un développement assez satisfaisant.

M. Bérard en a été satisfait dans certains sols, mécontent dans d'autres où il n'a donné qu'une maigre végétation. Il lui paraît qu'en somme la question d'adaptation n'est pas encore complétement résolue pour ce plant.

Rupestris.

M. Douysset cultive le Rupestris depuis 1875. Il a toujours été satisfait de sa vigueur, mais il prend mal la greffe, et n'offre au plus que 75% de réussite. Toutefois, lorsque les soudures sont bonnes, la greffe s'y comporte bien.

M. Vialla fait remarquer qu'il y a plusieurs variétés de Rupestris ; il demande si on a pas constaté de différences dans les aptitudes de chacune d'elles.

M. Marès dit que le Rupestris est un porte-greffe très intéressant. Il le cultive depuis 1878 dans des terrains très différents les uns des autres, et toujours il en a obtenu de bons résultats. Il s'hybride avec facilité ; sa vigueur est très grande, il drageonne beaucoup, ce qui est un défaut, mais ses racines se sont jusqu'à présent montrées indemnes du phylloxera. Cependant, il y a des variétés de Rupestris qui se phylloxèrent et sur les racines desquelles cet insecte pullule ; ce sont des hybridations avec d'autres cépages américains ou français qui sont ainsi attaquées.

COMPTE RENDU DE LA 2ᵉ SÉANCE

Vendredi soir 8 Mai 1885

PRÉSIDENCE DE M. L. VIALLA

M. LE PRÉSIDENT ouvre la séance à deux heures en proposant l'étude des Riparias. Il existe diverses sortes de Riparias, difficiles à désigner, aucune classification exacte n'ayant encore été adoptée. Néanmoins des explications intéressantes peuvent toujours être données.

M. VIALLA propose donc d'étudier la résistance de ce cépage dans les mauvais terrains, terres blanches, argileuses.

M. ESTÈVE prend la parole. Dans le domaine de La Valette, 75 à 80 hectares sont plantés en Riparias dont les 3/4 ont été greffés il y a 2 ou 3 ans. En général, ce cépage se comporte bien dans les tufs, où il a peu périclité. Ce succès est dû à la sélection. M. Parazols, le propriétaire du domaine, n'ayant pu submerger faute d'eau, a tourné ses regards sur les Riparias qu'il a sélectionnés. Le résultat a été excellent : sur 300,000 pieds, il a obtenu 1000 hectolitres de vin, et cette année on compte sur 3,000 hectolitres. Le Riparia de La Valette est le Riparia à grandes feuilles (0ᵐ040 de large). Au Mas de Las Sorres, M. Durand le place au premier rang ; le développement y est si grand que les greffes ont donné 8 hectolitres en 1884, et cette année on compte sur 22-25 grappes. A La Valette, on plante le Riparia tomenteux aux endroits les plus frais ; les sarments ont 5 mètres et sont greffés à 1 an. Les rendements y sont supérieurs à tous ceux des environs. Depuis 7 ans les pieds-mères existent, et avec une seule souche le domaine a été reconstitué. Le greffage sur Riparia n'a pas réussi l'année dernière, cette année on a eu plus de succès. La reprise est de 98 % et 92 % pour les plants greffés. Au Mas de Las Sorres on arrive à 99 %

M. FERMAUD fait remarquer que les Riparias de Lavalette ne sont autres que ceux du domaine de Portalis, où on les a achetés. (Hilarité.)

Mme LA DUCHESSE DE FITZ-JAMES dit que les Riparias pubescents, blancs ou rouges, sont supérieurs à ceux à écorce marron terne.

Dans sa propriété de Saint-Bénézet, ils occupent en général le fond de la vallée, terrain silico-humifère; mais, en terrains élevés, ils deviennent peu vigoureux, aussi a-t-on soin d'y planter d'autres variétés américaines que le Riparia.

M. ARNAUD, après avoir sélectionné les Riparias de ses plantations, s'en tient à la variété qu'il appelle le Grand Glabre. Cette variété tient admirablement dans les coteaux argilo-calcaires, à base crayeuse, où M. Foëx a été à même de les admirer dans une visite qu'il fit à Montagnac.

M. FOËX confirme la beauté des Riparias qu'il a vus chez M. Arnaud.

M. NARBONNE a planté des Riparias, il y a 6 ans,

dans de mauvais terrains. Dans les endroits défoncés, les tomenteux violets, pubescents blancs, sont devenus très beaux.

M. COURTY dit que, à son avis, le meilleur Riparia est celui sélectionné à Portalis. Il se développe vigourensement dans des terrains crayeux, calcaires, où la chlorose ne l'atteint pas aussi facilement que les autres variétés.

En outre des Portalis, il cultive le Riparia tomenteux qu'il a reçu d'Amérique. Cette variété vient supérieurement dans les terrains argileux légèrement marneux. Dans les terres blanches, à couche arable superficielle, il ne se chlorose pas.

M. FOURCADE a observé un fait contraire à la Calmette : dans un sol argilo-marneux, les Riparias ont végété, et, une fois greffés, se sont chlorosés. Il a fallu les transplanter dans un sol ferrugineux.

M. PAUL DOUYSSET dit que dans la haute vallée de l'Hérault, dans la couche appelée rutilante par M. de Rouville, couche jaune argilo-sableuse, on avait beaucoup planté les Riparias qu'il importait d'Amérique en 1875, et dont une partie servit à planter notamment le domaine de Portalis, dont a parlé M. Fermaud. De tous ces Riparias, il n'a survécu dans la couche rutilante, où l'argile domine, que le tomenteux blanc.

M. LÉON LIOURE a planté à Saint-Geniès-des-Mourgues, en 1881, une vigne en Riparias, environ 2 hectares, dans les conditions suivantes : 1° la terre avait été mal charruée et sur luzerne; 2° les plants employés

étaient très petits; 3° la première année, il a greffé à
peu près la moité de la vigne et a vu périr, çà et là,
4500 plants greffés; il attribue cet échec à ce que, par
suite d'une mauvaise culture, les racines n'ont pu pé-
nétrer dans le sol. L'autre moitié a été replantée en
mauvais plants de Riparias, qui n'ont de nouveau pas
réussi et ont été remplacés l'année suivante par des
Jacquez racinés. Ces derniers ont très bien pris et ont
été greffés à leur première année, avec succès. Dès
lors, M. Lioure s'est appliqué à bien soigner sa vigne.
Les engrais employés étaient des tourteaux mélangés
avec du sulfate de fer et de la potasse, la vigne est
aujourd'hui dans de très bonnes conditions, et la pousse
est même extraordinaire.

L'orateur est donc convaincu que si les greffes suc-
combent, comme on l'entend répéter bien souvent,
c'est que la terre ne convient pas aux plants ou que
la culture a été défectueuse. Il conclut en disant :
« plantons le Riparia et le Jacquez sans nous décourager, si nous voulons reconstituer nos vignobles. »
(Applaudissements.)

M. le Ppésident appelle l'attention de l'assemblée
sur la durée des Riparias.

Un Membre de l'assemblée, propriétaire dans le
Gard, a planté des Riparias qui ont végété vigoureusement. Après greffage, les sujets ont végété moins
bien et voient leur bois se raccourcir d'année en
année.

M. Vialettes a cultivé simultanément jusqu'ici le
Riparia et le Jacquez comme porte-greffes.

Sans rien perdre de mon admiration pour ce dernier cépage, je donne aujourd'hui, et sans hésiter, la préférence au Riparia.

Une opération agricole n'est après tout qu'une opération commerciale, se traduisant à la fin de l'année par doit et avoir ; et, lorsqu'un porte-greffe augmentera et de beaucoup la somme de notre avoir, nous devons aller, sans hésiter, à celui-là.

Or, mes plus vieilles greffes d'Aramon et de Carignane sur Jacquez, celles d'Aramon surtout, ayant aujourd'hui 6 ans, ne me donnent pas la moitié de leurs voisines sur Riparia. Et cependant, le sol frais, profond, bien drainé, est un de ceux qui conviennent le plus au Jacquez.

D'autre part, une vigne exclusivement composée de Carignanes greffés sur Jacquez et sur Riparia, par lignes intercalées, m'a présenté, à la vendange, un phénomène qui, à lui seul, est tout un enseignement.

Pendant que mes Carignanes greffées sur Jacquez, chargées de fruits très nombreux, n'avaient pas la force de les mûrir et restaient rouges, mes Carignanes sur Riparia, chargées de tout autant de raisins, présentaient cette couleur bleuâtre, veloutée, bien connue de tous et qui est le meilleur signe d'une maturité parfaite.

Que devons-nous en déduire logiquement ? si ce n'est que les forces plus que suffisantes pour mener tout à fait à bien la tâche du second, avaient trahi le bon vouloir du premier.

Je dois ajouter encore que cette vigne se trouve dans un des meilleurs fonds de Montbazin, et dans des conditions tout à fait favorables au développement du Jacquez.

Je suis loin, je le répète, de revenir sur tout le bien que j'ai dit et que je pense encore de ce cépage. J'estime toujours que si nous n'avions que lui, ce serait une immense bonne fortune, pour les départements Méditerranéens brûlés par un soleil trop ardent, d'échapper à la culture ruineuse des céréales et des plantes fourragères.

Mais devant des résultats meilleurs et des recettes plus grandes l'hésitation n'est plus permise, et je fais parmi les Riparias le meilleur choix.

Partant de cette idée de sélection, j'ai cherché le type offrant la plus grande vigueur comme racines, comme branches, et comme feuilles et surtout le tronc le plus puissant.

Une des premières et des plus importantes lois d'un bon greffage, c'est de donner comme support un sujet de vigueur égale et, si c'est possible, de vigueur supérieure à l'individu supporté.

Et c'est dans la méconnaissance, à mon avis, trop grande de cette règle capitale que l'on trouvera souvent la raison de bien des échecs.

Elle a été pour moi l'objet de mes constantes préoccupations. Aussi puis-je montrer dans des sols exclusivement argileux, reposant sur le rocher compacte dont je parlais tout à l'heure, des Riparias atteignant, à la 4me et 5me feuille, la grosseur du poignet.

L'abondance du fruit sur les Riparias greffés est tellement consolante, et cela dans la plupart des terrains, que je n'hésite pas à le considérer comme le modèle et le type des porte-greffes.

M. Hérisson. Dans les sols argilo-calcaires d'Uzès, le Riparia est le plus mauvais porte-greffe. Le Taylor, le Solonis lui sont supérieurs ; le Jacquez seul est accepté par les paysans. Dès la troisième année, les greffes sur Riparia ont faibli.

M. Malric demande à M. Vialettes le nom du Riparia qu'il a si bien sélectionné et qu'il recommande.

M. Vialettes. A la demande que me pose l'honorable M. Malric, je répondrai qu'il est bien difficile de donner un nom à la foule des Riparias cultivés.

Je n'ignore pas cependant que des classifications très ingénieuses ont été faites, et je suis loin d'en méconnaître le mérite. Mais, au point de vue de son application pratique, ces variétés et ces sous-variétés, atteignant ou dépassant même le chiffre de 300, ne constituent-elle pas une nouvelle confusion de la Tour de Babel de nature à décourager le viticulteur le plus intrépide ?

Ne vaut-il pas mieux leur dire simplement : la reconstitution d'un vignoble est chose assez importante et met en jeu trop d'intérêts pour valoir la peine de se déranger un peu ?

Lorsque j'ai voulu planter, j'ai visité un très grand nombre de vignobles alors à l'état rudimentaire, et lorsque, dans des terrains très pauvres, je rencontrais

un Riparia végétant avec une vigueur exubérante,
je l'introduisais chez moi, partant de cette idée que si,
dans des sols ingrats, il végétait aussi bien, placé
dans des terrains meilleurs, il végéterait encore mieux.

Faites de même : visitez, voyez et choisissez.

Je ne puis cependant laisser accréditer l'idée que
les Riparias tomenteux sont les meilleurs.

Dans la grande famille des glabres se trouvent
incontestablement les plus mauvais, mais aussi les
plus robustes sujets.

Le pied de certains Riparias glabres grossit beaucoup plus rapidement que celui des tomenteux, et la
densité bien plus considérable de leur bois me semble le gage d'une robusticité plus grande, peut-être à
cause de leur supériorité.

M. Courty objecte qu'il n'y a aucune relation entre
la densité d'un plant et sa puissance de végétation
ou de production.

M. Douysset ajoute que le Jacquez, étant le plus
dense des plants américains, devrait, à ce compte,
être le meilleur cépage, tandis que le Solonis, qui a
pourtant quelque valeur, serait rejeté au dernier
rang.

M. Leenhardt a beaucoup de Riparias greffés, et il
leur attribue, comme porte-greffe, un mérite égal à
celui du Jacquez. Le Riparia a parfaitement et également réussi dans toute l'étendue de sa propriété,
aussi bien sur le coteau que sur la plaine. Le sol est
constitué par une alluvion rouge siliceuse. M. Leenhardt n'a pas sélectionné le Riparia : tel il a reçu

les plants d'Amérique, tels illes a plantés chez lui où toutes les formes, aussi bien les tomenteuses que les glabres, les grises, les rouges, y ont également réussi.

Plantés en boutures, ces Riparias, ont été greffés l'année suivante ; dans ces conditions, il a obtenu une reprise de 95 %. En greffant à la troisième année il a eu des échecs de 30 %.

Chez M. L. Bazille il y a peu de greffes sur Riparia ; il possède surtout des Taylors, mais il plante maintenant des Riparias ; il constate que l'Aramon est sur ce cépage le greffon qui produit le plus.

M. le Président rappelle que l'on s'est plaint du Riparia et des échecs causé par son greffage. Les accidents constatés sont-ils sans importance ? Doit-on leur attribuer des causes profondes, permanentes, inquiétantes pour l'avenir ?

Qlelques membres de l'Assemblée demandent que l'on veuille bien expliquer les causes de dépérissement des Riparias greffés au Rochet et au Mas de las Sorrès.

M. H. Marès dit alors qu'une enquête poursuivie sur le Riparia conduirait à des résultats divers. Le Riparia, en effet, n'est pas et ne peut être universel. Comme les autres vignes, il est sujet aux maladies, et comme elles, donne une mauvaise croissance dans les mauvais sols, il peut succomber soit sous l'action des insectes, soit sous celle des parasites végétaux. Il ne fait donc point exception d'une manière absolue, mais il a pour le phylloxera une immunité relative qui fait sa grande valeur. D'ailleurs ce n'est que dans les sols trop humides, compactes, où ses puissantes racines se développent difficilement qn'on les voit atteintes par le phylloxera. Dans de tels milieux, il jaunit, ses greffes sont sans vigueur. Mais si le sol est perméable, s'il est tel enfin que ses racines puissent facilement se développer, le résultat est alors bien différent : on se trouve en présence d'un des plus beaux et des plus vigoureux cépages. C'est encore dans les conditions défavorables de sol que le Riparia se montre sujet au Cottis, notamment au Mas de Las Sorres, sur une partie de terrain qui lui convient moins. D'ailleurs les autres espèces : Clinton, Vialla, Taylor... placées à côté de lui dans les mêmes conditions, laissent encore plus à désirer. Le York-Madeira, au contraire, se comporte mieux que ses voisins dans ce milieu et se montre là, comme ailleurs, le meilleur porte-greffe, surtout quand on lui fait porter la Carignane.

Si on examine le Riparia au point de vue de sa valeur propre, on peut le classer au premier rang, partout où il est bien traité et où le sol lui est favorable. J'ai greffé sur lui un grand nombre de cépages et les résultats que j'ai obtenus, particulièrement avec les hybrides Bouschet, sont remarquables.

Le Riparia greffé, greffé jeune surtout, permet d'obtenir un vignoble d'une venue régulière. En plaçant ce cépage dans un sol profondément défoncé où ses racines peuvent s'étendre à l'aise, en lui donnant des engrais, je crois, grâce à son immunité à peu près complète vis-à-vis du phylloxera, que le Riparia nous fournit le moyen le plus sûr et le meilleur de refaire nos vignobles.

M. LAURENT reconnaît au Riparia toutes les qualités énumérées par les précédents orateurs.

S'il lui était permis de trouver un défaut au Riparia, ce serait assurément celui de n'être pas fructifère et de nécessiter le greffage, opération chanceuse, coûteuse, et qui ne nous donnera que des vignes belles les premières années et caduques ensuite.

Au Mas de Las Sorrès, comme en beaucoup d'autres endroits ignorés, les Riparias greffés perdent, avec l'âge, leur vigueur primitive, leur fructification excentrique. Le géant devient nain.

Nier l'évidence de ce fait, ou chercher à s'en expliquer la cause en oubliant la raison capitale du greffage, c'est vouloir se faire des illusions que les lois de la physiologie végétale détruiront malheureusement trop vite.

A Las Sorrès, tandis que les sujets greffés, malgré des soins nombreux, des fumures annuelles, s'en vont en diminuant de vigueur, les témoins non greffés présentent, au bout des rangées, une vigueur toujours croissante.

Si ce fait ne suffit pas pour permettre de juger de l'effet du greffage, il est inutile de conserver des témoins.

M. MARÈS fait remarquer que si l'on met de côté les années où ont sévi les gelées ou les maladies cryptogamiques, les comparaisons des récoltes successives révèlent un accroissement en faveur de l'année 1884.

L'étude du vignoble de Vallautres n'a pas révélé de diminution de récolte, et bien que le public se soit ému d'un affaiblissement dans la végétation, il y a eu moins de bois, mais plus de fruits. C'est ce qu'on observait d'ailleurs autrefois dans les vignes greffées.

M. Douysset demande quelques éclaircissements sur la présence des phylloxeras sur quelques pieds de Riparia, fait mentionné par M. Marès.

M. Marès répond que l'insecte n'était qu'en très petit nombre sur les ceps en question, et que si l'examen n'avait porté que sur un petit nombre de pieds, on n'en aurait probablement pas trouvé. Il a fallu à M. Mouillefert cinq fouilles sur des Riparias différents entourés de Clintons à racines criblées de milliers de ces insectes pour permettre d'en rencontrer *deux*, sur un chevelu de Riparia qui n'était même pas déformé, tant ces insectes étaient faibles et petits. Quant au drageonnement que l'on reproche au Riparia, c'est un caractère qu'il partage avec le Rupestris et qui ne doit être pour ces deux cépages que la garantie de leur vigueur exceptionnelle.

M. Narbonne a constaté que tout sarment tondu par un choc accidentel est prédisposé à un échec assuré.

M. Malric demande si une double taille ne serait pas favorable aux plants français greffés sur Riparias.

M. Vialla fait observer que cette double taille n'aurait d'autre effet que de retarder l'époque de la végétation.

M. Foex pense que l'on doit considérer deux phé-
nomènes dans le départ de la végétation : d'une part,
la température du sol impose avec la dilatation de l'air
contenu dans les vaisseaux de la plante la circulation
de la sève, les pleurs de la vigne; d'autre part, le
milieu extérienr, la température de l'air préside au développement du bourgeon, qui semble rester indépen-
dant de l'action que pourrait exercer l'écoulement des
pleurs de la vigne facilité par la double taille.

M. Marès admet que le greffon seul conduit la végétation et non le porte-greffe. L'entrée en végétation
dépend uniquement de l'époque à laquelle le bourgeonnement du greffon se produit.

M. Vialettes fait remarquer que la production ob-
tenue par M. le Comte de Turenne est supérieure à
celle des années précédentes, et que le mas de Pla-
gnol dont on s'était tant ému est aujourd'hui exu-
bérant de santé. Le Riparia, il est vrai, se comporte
mal au Rochet; mais on pourrait aussi y trouver des
Jacquez qui souffrent de la chlorose. L'entraînement
des campagnes vers le Riparia est une réparation offi-
cielle des quelques accusations qui ont pu peser sur le
Riparia. Pour lui il n'hésite pas à le faire entrer dans
la proportion de 220,000 pour une plantation de
250,000 pieds de vigne.

Des greffes de 6 ans ne lui ont laissé enregistrer
aucun échec. Il suffit de choisir les terrains, et encore
le Riparia paraît de tous les porte-greffes jouir de
l'adaptation la plus universelle aux sols qu'on lui impose.

M. Laurent fait observer que si dans le domaine de Vallautres le nombre total de muids récoltés a augmenté, cela tient à l'accroissement de la surface du vignoble.

Quant à la vigne si connue de M. le Comte de Turenne, elle est encore bien belle, mais il n'en est pas moins vrai que la production de 1884, n'a pas été supérieure à celle de 1883.

Les vignes greffées ne peuvent disparaître en bloc, mais chaque année elles tendent à s'en aller par morceaux. Qui pourrait, en effet, assurer que toutes les greffes se soudent toujours dans les meilleures conditions possibles? Sans doute on augmente la production en forçant la sève à suivre un chemin sinueux à travers les tissus de la plante; mais la plante en souffre à la longue?

Le vignoble de M. Pagezy paraît offrir un enseignement salutaire. Le vignoble quelque peu négligé laissait faiblir ses greffes; un nouveau régime, inauguré par des fumures plus abondantes, a restitué aux ceps une partie de leur vigueur, montrant ainsi que toute vigne greffée est un malade qu'il faut savoir nourrir si l'on ne veut pas s'exposer à un échec.

Mme la Duchesse de Fitz-James, interrogée sur la substitution d'un autre porte-greffe aux Riparias du domaine de Vallautres, répond que le Riparia ne sera supprimé que dans quelques parcelles avoisinant la rivière. M. le Comte de Turenne est d'ailleurs assez grand pour savoir tout seul changer de cépage, s'il vaita reconnu s'être égaré dans un mauvais chemin.

M. Reymond tiendrait à savoir si tous les cépages français réussissent également bien sur le Riparia.

M. Vialla. Une question très-importante pour la reconstitution des vignobles détruits par le phylloxera est celle-ci: Quels cépages européens devra-t-on greffer sur les porte-greffes américains recommandés?

L'Aramon, la Carignane et tous les anciens cépages du Midi paraissent devoir être multipliés comme par le passé ; mais à côté de ces variétés qui sont bien connues, il en est d'autres, parmi lesquelles on doit citer en première ligne les Hybrides Bouschet, le Bobal, le Macaroli..... qui tendent à se répandre dans la culture ; leur étude doit être faite d'une façon toute spéciale.

Pour M. Hérisson, on doit continuer à multiplier par la greffe les variétés cultivées autrefois. L'Aramon ne vaut rien pour les coteaux ; sa production y est faible, et le peu de vin qu'il donne n'est pas de qualité supérieure ; dans ces conditions, on doit le remplacer par des cépages produisant des vins de meilleure qualité, pour ne le cultiver que dans les plaines, qui lui conviennent tout spécialement.

M. Vialla appuie les dires de M. Hérisson.

Invité par M. le Président à traiter des hybrides qui ont été si heureusement obtenus par son père, M. Bouschet dit qu'il est très satisfait de leur végétation. Greffés sur Riparia, Jacquez, Rupestris, ils se développent d'une façon remarquable, et une assez grande étendue de Terret-Bouschet greffés sur pieds américains sera sous peu en pleine production.

M. Jules Lavit a eu l'occasion, grâce à l'obligeance de M. Bouschet fils, de pouvoir greffer et cultiver depuis 4 ans les hybrides qu'il avait étudiés et choisis parmi la grande quantité de variétés créées par feu Henri Bouschet.

Il propage les formes qu'il a cru les plus méritantes pour la grande culture, tout en regrettant que sa petite propriété ne lui permette pas d'en cultiver un plus grand nombre, tels que : Piquepoul, Grand-noir de la Calmette, etc., etc.

Il existe plusieurs variétés d'Aramon-Bouschet, l'Aramon-Teinturier-Bouschet, l'Aramon-Bouschet Nº 1, et l'Aramon-Bouschet Nº 2.

L'*Aramon-Teinturier-Bouschet* est le plus méritant, il débourre 15 jours environ après l'Aramon ordinaire à jus blanc. On le reconnaît aux caractères suivants :

Bourgeonnement tardif, garni d'un fort duvet blanchâtre. Le dessus de la première feuille étalée du bourgeon est d'un vert jaune d'or bronzé, le dessous est revêtu d'un duvet lanugineux épais blanc, ce duvet devient aranéeux et floconneux sur les feuilles adultes ; nervures vertes, apparentes.

La feuille complétement développée est lobée, d'un vert clair. Les nervures sont vertes au-dessus, aussi bien qu'au-dessous. Le sinus pétiolaire excessivement ouvert, on pourrait même dire carré. Le pétiole de la feuille moyen et vert.

La grappe est pyramidale, tronquée, lâche, très ailée, un peu courte. Le pédoncule long et cassant, les pédicelles charnus comme dans l'Aramon ordinaire. Le grain est gros, ferme, sphérique, d'une couleur noir mât avec une très-légère fleur.

Le pinceau qui reste au pédicelle quand on arrache le grain au moment de la maturité, est d'un rouge vif foncé.

Le jus est aussi d'une couleur fraîche rouge vif. — Maturité fin août.

On lui reproche de fructifier trop abondamment dans les premières années de son développement, ce qui empêche la formation d'un appareil végétatif puissant.

Son vin est aussi alcoolique que celui de l'Aramon à jus blanc.

M. Bouschet distingue encore l'Aramon-Teinturier-Bouschet à la couleur marron ponctuée de noir de ses sarments, surtout à la base. Cette coloration est, paraît-il, assez bien imitée par quelques marchands de plants ; elle ne constitue donc pas un caractère suffisamment précis de cette variété.

M. Jules Lavit. L'Aramon-Bouschet Nº 1 est assez répandu aujourd'hui, mais sa valeur est bien loin d'égaler celle du Teinturier. On l'abandonne généralement.

Quant à l'Aramon-Bouschet Nº 2, il ne présente aucun intérêt. Sa grappe est cylindrique, coule très facilement, à petits grains. Il n'est conservé que comme curiosité dans les collections.

Parmi les onze variétés d'Alicante-Bouschet qui ont été obtenues, M. Jules Lavit en recommande quatre seulement. Ce sont, toujours d'après leur ordre d'importance : 1º l'Alicante-Henri-Bouschet ; l'Alicante-Bouschet, Nº 2 ; 3º l'Alicante-Bouschet extra-fertile ; 4º l'Alicante-Bouschet à sarments érigés.

L'Alicante-Henri-Bouschet a la feuille bien révolutée, le parenchyme de la feuille à sa partie supérieure est vert luisant, uni, les nervures vertes ; la grappe est grosse, ailée, à pédoncule court d'après M. Bouschet, les grains de la grosseur de ceux du Carignan ordinaire. Indemne du mildew, son vin est d'une couleur rouge noir vif et grenat ; c'est bien la couleur tant désirée et si recherchée par le commerce. Très-fin de goût, ce vin a du corps, du plein (terme de négociant).

Greffé sur Solonis et Riparia, sa végétation est très vigoureuse.

L'Alicante-Bouschet Nº 2 a une grappe un peu ailée, moins pyramidale que la précédente, les grains sont plus gros ; son vin, d'une très belle couleur vive, est un peu moins foncé. Il rendra plus à la cuve. D'une belle végétation sur Riparia, elle est excessivement vigoureuse sur le Vialla, qui lui convient spécialement.

L'Alicante-Bouschet extra fertile a la feuille très révolutée, les sarments sont rampants comme ceux de l'Aramon ordinaire.

La grappe est moyenne, les grains plus petits que ceux des précédentes, son vin est d'une très-belle couleur.

On reconnaît facilement cette variété à la fin de l'automne; les feuilles se colorent en rouge noir, et parfois une légère pellicule blanchâtre les recouvre à la partie supérieure ; en les écrasant dans les doigts humides, elles les colorent en rouge vif.

L'Alicante-Bouschet à sarments érigés proprement dit donne chaque année une récolte régulière, et porte de nombreuses petites grappes cylindriques ; les grains sont de la grosseur de ceux du précédent; son vin est d'une très belle couleur rouge. Il existe une sous-variété coularde. Son port érigé rend cette variété très précieuse pour les terrains maigres des coteaux. Les cultures peuvent être faites à la charrue, et répétées tout l'été jusqu'en août.

M. VIALLA ajoute qu'il existe encore plusieurs autres variétés d'Alicante-Bouschet, entre autres l'Alicante-Bouschet à feuilles découpées.

M. Jules LAVIT dit que ces deux formes n'offrent qu'un intérêt de pure curiosité, de même que beaucoup d'autres que l'on doit s'attacher à bien distinguer des formes qui ont une réelle valeur.

Quant au Terret-Bouschet, c'est un cépage d'une grande valeur. M. Bouschet le considère comme le plus intéressant après l'Aramon-Teinturier-Bouschet, et l'Alicante-Henri-Bouschet. On a répandu sous ce nom plusieurs types de vignes à jus coloré. C'est celui dout le débourrement est aussi tardif que celui de l'Aramon-Teinturier-Bouschet, et dont le bourgeonnement est presque identique à celui de ce dernier; dans le début de la végétation, il est assez difficile de les distinguer l'un de l'autre. Son vin est peu foncé, de couleur rouge vif. La maturité est la plus tardive des Bouschet. Il est légèrement acide ; son emploi sera précieux. On l'utilisera avec avantage en le mélangeant à la cuve, une fois le vin soutiré, avec le marc du Jacquez et des cépages à jus coloré, tels que l'Alicante-Bouschet, le Grand-noir de la Calmette, l'Aspiran-Bouschet, etc., etc., pour extraire toute la matière colorante qui y est en excès. Il remplacera ainsi avantageusement le Beni Carlo, qui produit plus de fruits que l'Aramon, mais dont les sarments souffrent trop des maladies cryptogamiques.

Le *Morastel-Bouschet* donne une grande quantité de belles et grosses grappes, et cela régulièrement. Ce serait le meilleur des hybrides, s'il n'était très fortement attaqué par le mildiou. Il peut, en quelque sorte, servir de sentinelle ; si le vignoble est attaqué, c'est le Morastel-Bouschet qui sera le premier atteint.

Puis vient le *Carignan-Bouschet*. Il présente tous les avantages de la Carignane ordinaire, et d'après M. Bouschet, il a le mérite d'être moins sujet aux maladies cryptogamiques. M. Bouschet déclare en avoir fait l'observation à son domaine de la Prade, dans les terrains d'alluvion frais, dans les bas fonds avoisinant la rivière, où les brouillards sont fréquents.

Le débourrement est un peu plus précoce que celui du Terret-Bouschet. La grappe et le grain sont identiques comme forme et grosseur à son synonyme à jus blanc, il arrive à maturité 12 à 15 jours après le

Petit-Bouschet. M. Jules Lavit fait observer que le Carignan-Bouschet présente une particularité remarquable, qui permettra de le distinguer facilement de tous les autres cépages français. Dès que l'on veut trop plier ses sarments, ils cassent net, soit à l'état herbacé, soit aoûtés. Il sera impossible de plier les sarments aussi coquettement qu'on le fait d'habitude. Avec le sécateur on le casse plutôt qu'on ne le coupe, ce qui l'a fait quelquefois appeler par les ouvriers *Plant de verre*.

L'Aspiran-Bouschet est très peu répandu, il mérite d'être sérieusement étudié. La coloration de son jus est d'un noir mat très foncé. « Il me tarde, dit M. Lavit, de voir cette année la couleur de son vin. J'en ai expédié deux greffons à M. le Dr Davin, qui voulut bien m'en remercier de la façon que je lui avais indiquée. Elle consistait à tremper sa plume dans le grain et à m'écrire s'il était satisfait de la couleur, ce qu'il fit en m'envoyant une page de son carnet remplie de notes d'un rouge carmin vif. Il porte de jolies grappes peu nombreuses sur le pied-mère, quoiqu'il promette suffisamment sur mes greffes de l'an dernier. Son vin sera naturellement le plus beau vin de coupage, vu la coloration de son jus ; je le comparerais avec le vin Teinturier mâle du Cher, que M. Brezenaud, inspecteur de l'agriculture, a bien voulu m'envoyer l'an dernier, afin de l'étudier comparativement. « Soumis à la taille à branche à fruit palissée, mise soit verticalement, soit horizontalement, il produira certainement beaucoup plus. Je poursuivrai ces expériences, et je serai très heureux de vous faire part du résultat obtenu. A l'état de boutures aoûtées il est facile à reconnaître en coupant le sarment au milieu (dans le sens de la longueur) : la partie ligneuse qui se trouve à l'intérieur à hauteur des nœuds est colorée de taches rouge vif. Il ne faudra pas rejeter les sarments qui, lorsqu'on fera les greffons, présenteront une couleur roussâtre ou même rouge au milieu d'une section de couleur verte. Le bois est pourtant moins coloré que celui du Teinturier mâle du Cher. »

M. le Président remercie au nom de toute l'Assemblée MM. Bouschet et Lavit de leur intéressante communication ; il les prie de la publier en brochure, ils rendront ainsi un grand service à la viticulture. (Applaudissements.)

M. Paul Douysset cultive depuis quatre ans les hybrides Bouschet. Il les divise en deux groupes, les hybrides à débourrement précoce , l'Alicante-Henri-Bouschet, le Mourastel-Bouschet, le Petit-Bouschet, et les hybrides à débourrement tardif, le Carignan-Bouschet, les deux Aramons-Bouschet et les Terrets-Bouschet.

L'Alicante-Henri-Bouschet, qui est le plus méritant des hybrides à débourrement précoce, est très répandu dans le canton de Gignac. Sa fertilité est grande ; il porte, en général, 3 grappes par bourgeons ; son raisin est plus volumineux que pesant.

L'an dernier, 25 beaux raisins provenant d'une seule souche, pesèrent 5 kilogrammes et demi.

Sur les coteaux, le vin de ce cépage est remarquable. En plaine, à raison de 80 hectolitres par hectare, il garde beaucoup de sa belle couleur, mais son titre alcoolique tombe aisément à 8 degrés.

Ce cépage veut être vendangé de très bonne heure.

Le Mourastel-Bouschet est un cépage à petite végétation, mais très fertile et donnant de grosses grappes, à gros grains, et un très beau vin ; mais il se dépouille facilement de ses feuilles, sans que le mildew y soit pour rien. Il craint donc les coups de soleil.

Quant au Petit-Bouschet, il est trop connu pour en parler.

M. Bouschet a pesé les vins d'Alicante-Henri-Bouschet et d'Aramon-Teinturie-rBouschet ; le premier a dosé 11 % d'alcool, le second 8 %.

M. Lavit répond à M. Douysset que la fertillité du Terret-Bouschet est très grande ; son vin est rouge vif et non de couleur noire.

A une question de M. le Président sur les degrés de résistance des hybrides Bouschet aux atteintes du mildiou, M. J. Lavit signale le Petit-Bouschet, l'Alicante-Henri-Bouschet, l'Alicante-Bouschet N° 2, comme résistant le mieux aux attaques de cette cryptogame. D'après M. Gabriel Bouschet, le Grand-Noir de la Calmette serait également indemne.

Bobal

M. Lavit a reconnu dans le Bobal un cépage fournissant de gros, mais trop uniques raisins, sur une souche caractérisée par la grosseur de son bois.

Il est précieux à cause de sa maturité précoce, on peut le vendanger avec les Bouschet.

Le vin possède une belle couleur de vin de table, très fin de goût.

COMPTE RENDU DE LA 3ᵉ SÉANCE

Samedi matin 9 Mai 1885

PRÉSIDENCE DE M. L VIALLA

M. le Président ouvre la séance en résumant en quelques mots les discussions de la précédente séance. L'étude du *Macaroly*, cépage étranger peu connu, est soumise à l'assemblée.

I. Macaroly.

M. Narbonne. On a importé dans l'Aude, à Capendu, il y a une quinzaine d'années, le Macaroni, cépage identique au Macaroly de Montpellier. L'orateur présente un fragment de sarment de ce plant ; il fait des raisins gros, fructifie de bonne heure et donne un vin peu alcoolique.

M. Estève l'a vu en 1870 à Naples, où il l'a remarqué comme bon raisin de table ; une souche portait 3 grappes. Depuis l'apparition du Phylloxera, il l'a greffé, et cette année il compte sur 22-23 grappes. En Italie, on l'appelle le « raisin français ».

II. Portugais bleu.

M. le Président demande à M. Lavit des renseignements sur le Portugais bleu.

M. Lavit. Le Portugais bleu est un cépage importé d'Espagne et recherché comme primeur. C'est un plant d'avenir ; le raisin débourre comme le Carignan, est d'une production moyenne, se récolte vers le 15 août et donne un excellent vin. Le raisin à peine mûr perd son acidité. Il faut le vendanger un peu vert, parce que les abeilles l'attaquent. Il n'est pas trop susceptible au mildiou. M. Lavit conseille donc de le cultiver comme primeur.

M. Reich le cultive depuis 7 à 8 ans. C'est un cépage venu de la vallée du Rhin. Dans le Würtemberg, il donne un vin médiocre et on l'a abandonné à cause de sa susceptibilité aux cryptogames. A l'Armeillère cependant il n'est pas trop attaqué par le mildiou. Mais tous les oiseaux l'attaquent, surtout les moineaux. Il ne faut donc pas trop se lancer dans sa culture sans l'avoir étudié.

M. Foex a vu M. Pulliat qui le croit exempt du mildiou. Mais il est de l'avis de M. Reich sur son abandon dans le Würtemberg.

M. Leenhardt le cultive depuis 5 ans. Il a greffé 5 à 6000 pieds qui se sont bien comportés vis-à-vis du mildiou.

M. Despetis cultive ce cépage depuis 7 ou 8 ans. Toutes les fois qu'il l'a greffé sur des vignes peu vigoureuses, il a obtenu des grains de la grosseur des grains de plomb N° 4. Hilarité.)

INCIDENT.

M. le Président annonce la visite du ministre pour la réunion du soir.

M. Vialla rappelle que dans les réunions de l'année dernière on demanda l'établissement du vinage à prix réduit, l'égalité des tarifs de transport pour les vins français et les vins étrangers et peut-être aussi l'exécution du canal du Rhône, il ne s'en souvient pas bien. Il demande aux viticulteurs réunis dans cette enceinte d'autoriser le Bureau à présenter ces divers vœux, dans la séance de ce soir, au Ministre de l'Agriculture ; il demande de plus qu'on les rédige tout de suite pour qu'ils puissent être présentés avec la netteté et la précision convenables.

Le premier vœu à exprimer serait celui du vinage au prix réduit de 25 fr. par hectolitre d'alcool pur employé.

Le deuxième, qui ne peut soulever aucune objection, serait relatif à l'égalité des tarifs de transport pour les vins français et les vins étrangers. Tout le monde sait que les vins expédiés de la côte d'Espagne, Valence, Tarragone, à Paris coûtent moins que ceux qui sont expédiés de ces mêmes lieux à Cette et ensuite de Cette à Paris. On sait encore que les vins expédiés de Cette à Paris sont soumis à des tarifs relativement plus élevés que ceux qui partent directement de la côte d'Espagne.

Les vœux présentés l'année dernière à ce sujet n'ont pas été sans effet, car M. Tisserand, directeur de l'agriculture, a demandé depuis qu'ils ont été émis des renseignements et des documents propres à l'éclairer sur cette importante question.

Il est enfin une troisième question depuis longtemps agitée, c'est l'exécution du canal du Rhône. Sans doute on a à lutter en ce moment contre un obstacle du premier ordre, les difficultés financières ; mais il serait facile de mettre à l'étude toutes les questions relatives à ce qu'on pourrait appeler l'itinéraire du canal et les modes d'exécution. Passera-t-on sur la rive droite ou sur la rive gauche, adoptera-t-on un syphon ou des machines élévatrices, un canal unique ou des canaux divisés, etc.? Grâce à la compétence toute spéciale de M. Hervé Mangon en matière de canaux, on pourrait résoudre ces questions en attendant le jour impatiemment attendu d'une complète réalisation.

M. Sol reconnaît que le vœu sur l'égalité des tarifs de transport est de stricte justice ; mais on ne pourrait en dire autant de celui exprimé à l'occasion du vinage, lequel prête grandement à discussion.

Après avoir consulté l'Assemblée, M. le Président déclare ouverte la discussion sur le vinage.

M. Paul Narbonne propose de modifier les traités de commerce en réglementant les conditions de qualité auxquelles devrait être subordonnée l'entrée en France des vins étrangers.

M. Sol pense que la viticulture a été froissée dans ses intérêts par les traités de commerce, mais que le

vinage ne serait pas un moyen propre à y remédier.
A qui profiterait le vinage à prix réduit? D'abord aux
agriculteurs du Nord, qui produisaient, il y a trois
ans, 300,000 hectolitres d'alcool de betterave, qui
arrivent aujourd'hui à 600,000 hectolitres et arrive-
raient à une surproduction de 1,200,000 hectolitres
si malheureusement la facilité demandée était accor-
dée ; lecommerce ensuite pourrait bénéficier en ache-
tant à vil prix de mauvais vins, et les revendant
comme bons après traitement ; quant à la propriété,
le remède qu'on lui propose serait pire que le mal,
car une fois le dédoublage légal devenu possible, la
production artificielle qui s'ensuivrait causerait une
grande dépréciation sur les cours.

M. Sol croit qu'en ce moment, le seul palliatif
possible pour éviter l'inondation de notre marché par
les vins falsifiés serait la création de laboratoires à la
frontière, chargés d'apprécier la nature des produits
importés.

M. Narbonne fait remarquer que si le coupage
permet d'obtenir des vins naturels au degré alcoolique
réclamé par le consommateur, le vinage tend au contraire à favoriser l'industrie des vins artificiels et
ouvre toute grande la porte à la fraude. Un vin à
15° devra-t-il être ramené à 10°, on sera tout habitué
à lui ajouter la quantité d'eau nécessaire. Mais le
vinage, qui permet ainsi de diluer un hectolitre de vin
de manière à en obtenir deux au degré voulu, ne peut
multiplier la couleur. On ajoutera un colorant, tel que
la cochenille, et l'alcool qui aura déterminé cette

sophistication sera de l'alcool de betterave. On augmentera la quantité au détriment de la qualité. Autoriser le vinage, c'est déprécier nos produits et donner une prime aux vins d'Espagne ; bien plus, c'est offrir au consommateur un produit qui ne mérite plus son nom ; le vinage est une fraude.

M. VIALLA. Je ne crois pas en général aux prophètes, de quelque espèce qu'ils soient, surtout dans des questions aussi complexes que celles que nous traitons. Occupons-nous de ce qui est, avant de nous occuper de ce qui sera.

Il est un fait généralement accepté, c'est que la moyenne alcoolique des vins français est entre 8 degrés et demi et 9. Un grand négociant en vins, à Cette et à Paris me le disait il y a quelque temps. D'un autre coté, l'Administration des Contributions indirectes a donné la moyenne alcoolique des vins dans tous les départements.

J'en ai tiré une moyenne générale pour toute la France, très rapprochée de celle que je viens de mentionner. Mais pour bien faire, il aurait fallu tenir compte de la quantité de vins produite par chaque département. C'eût été un grand travail, et je me suis contenté de prendre chacun d'eux comme une unité d'égale valeur, et il en résulte qu'un département produisant beaucoup n'a été compté que comme un département produisant peu.

Je crois néanmoins pouvoir dire que si on mêlait tous les vins français ensemble, ou aurait un mélange donnant un titre alcoolique compris entre 8 degrés et

demi et 9. Si on admet, comme on le fait généralement, que la moyenne alcoolique des vins présentés à
la consommation est de 10 degrés environ, on voit
que le vinage est absolument indispensable en France ;
il ne faut pas d'ailleurs oublier qu'on en a besoin fréquemment pour une foule d'usages: pour les vins malades, pour les vins mutés, etc.. Il est dès lors facile de
comprendre les grands efforts et les grandes dépenses
que le commerce fait chaque année pour se procurer
des vins vinés; il n'est pas moins facile de comprendre
qu'il y aurait grand avantage pour tout le monde, négociants, propriétaires et consommateurs, à obtenir le
vinage à prix réduit. Le commerce, la vente, la consommation du vin s'en trouveraient bien, comment la
production pourrait-elle s'en trouver mal ?

Malheureusement on n'est pas d'accord sur cette
question, les commerçants eux-mêmes ne sont pas tous
du même avis. Ce n'est pas étonnant, nous introdui-
sons aujourd'hui en France plus de 8 millions d'hectolitres de vins étrangers. Un si grand commerce ne
peut pas se faire sans qu'il reste de gros bénéfices dans
les mains de ceux qui s'y livrent; dans ce moment il y
a un très grand nombre de négociants qui ont intérêt à
maintenir l'état de choses actuel et qui font tous leurs
efforts pour y parvenir.

On a parlé des inconvénients du vinage, et on a eu
raison, il en a. Il y a des négociants qui ne s'en servent que pour faire la fraude, mais tous les négociants
ne sont pas pourtant une bande de voleurs, et il y en
a beaucoup, parmi eux, qui ne se servent des vins

vinés que pour des opérations licites et loyales ; le véritable coupable dans les fraudes qui se font, ce n'est pas le vinage, c'est la trop grande élévation des droits.

Q'uon veuille bien y faire attention, si un homme est assassiné avec un poignard, condamne-t-on le poignard qui a été l'instrument du crime? De même dans les cas de fraude, faut-il condamner le vinage, qui n'est après tout qu'un instrument dont il est loisible de se bien servir?

Sans doute il y a en France des vins qui peuvent arriver à la consommation sans qu'on ait besoin de les viner, ceux de Narbonne, par exemple; mais il y en a beaucoup qui n'ont pas plus de 7 degrés et qui ont même moins. Que faire sans le vinage, car on ne peut pas les remonter avec de beaux vins à 13 degrés, ces coupages seraient trop chers.

Dans la situation difficile où il s'est trouvé, le commerce français n'a fait, en définitive, que ce qu'il pouvait faire. Il s'est tourné du côté de l'Espagne, et il lui a demandé des vins vinés. Si l'Espagne ne nous envoyait que de beaux vins, on pourrait peut-être se résigner un peu plus. Mais tout le monde sait ce qui se passe: on dédouble les vins, on fabrique des piquettes; on emploie même parfois, d'après ce que l'on dit, l'eau artificiellement colorée. Le véhicule étant ainsi préparé, on ajoute des 3/6 d'origine allemande, et lorsqu'il s'agit de transporter cette étrange denrée sur le marché français, nous couronnons cette coupable entreprise, en payant une prime très élevée à l'eau espagnole et à l'alcool allemand.

Et tout cela s'accomplit sous nos yeux, et nous ne faisons rien pour l'empêcher !

Supposons, Messieurs, pour un instant, qu'il n'est plus question de nos vins. Supposons que les français ont le désir ou le besoin de manger des carottes, et que la loi leur défend d'en produire, si ce n'est en payant des droits impossibles. Supposons encore qu'on soit obligé d'en demander à l'Espagne et que l'Espagne n'en donne que de mauvaises et à un prix très élevé. Si vous vouliez mettre fin à une pareille situation, seriez-vous bien embarrassés, et ne diriez-vous pas tous et tout de suite: il n'y a qu'une chose à faire, autoriser en France la culture des bonnes carottes. Ne croyez-vous pas que ce moyen serait bon?

Eh bien! l'Espagne vous envoie aujourd'hui plus de 5 millions d'hectolitres de vin, la plupart de qualités inférieures et de plus très vinés; ne vaudrait-il pas mieux qu'on nous permît de viner avec nos bons vins français et avec nos bons alcools de betterave, au lieu de nous forcer à employer l'eau espagnole et le 3/6 allemand?

D'ailleurs, songez-y bien, nous avons peu d'alcools de vins en ce moment; mais si nous parvenons à reconstituer nos vignes et à obtenir d'abondantes récoltes, nous aurons, comme autrefois, des vins mal constitués, des vins tournés de mauvaines années; il faudra bien distiller. Que ferons-nous alors de nos alcools? Continuerons-nous à nous servir de ceux que l'Allemagne nous enverra?

Si le vinage à prix réduit est enfin obtenu, il faudra

certainement s'occuper de combattre les abus qui pourront se produire. Mais ces abus dont on parle tant et qui ne sont pas impossibles dans une certaine mesure, ne constituent pas une raison suffisante pour repousser la réduction du droit de vinage. A-t-on jamais songé à supprimer une bonne chose, parce qu'il est possible d'en abuser ? Que laisserait-on debout si on agissait ainsi? Pensez-vous, par hasard, qu'il faille interdire la fabrication de la dynamite, si utile à l'industrie, parce qu'on s'est servi de cette substance pour assassiner un Empereur de Russie et pour faire sauter la Chambre des communes de Londres?

Nous devons donc demander le vinage à prix réduit. Mais on peut arranger les choses, on peut dire dans l'adresse qui sera remise au Ministre, que le vœu relatif au vinage a été adopté non pas à l'unanimité, mais à *une grande*, à *une immense majorité*. Cette rédaction fera connaître qu'il y a eu des dissidents.

M. X se demande s'il n'y aurait pas intérêt à payer une prime aux alcools allemands, pourvu que le vinage ne se fasse pas en France. On peut avec raison peut-être redouter la dépréciation qui pèserait sur nos vins français, aujourd'hui si recherchés, si on autorisait à fabriquer ainsi du vin avec toute une catégorie de matières dont la valeur au point de vue de l'alimentation est parfaitement discutable.

M. PLANCHON fait remarquer que l'on vient de signaler la fraude qui se ferait, sans que l'on ait songé à parler de celle qui a déjà été faite au moment où le vin étranger destiné actuellement à nos coupages pénétre sur notre marché. L'absence de colorants naturels pour remonter la couleur de nos vins affaiblie par le coupage n'est plus aujourd'hui une objection, puisqu'il est partout possible aujourd'hui de substituer les Hybrides Bouschet à la Cochenille.

M. Marès signale une grave faute commise dans la situation actuelle faite au commerce de nos vins : pourquoi avoir fait un traité de commerce et livré notre marché à l'étranger ? c'est là un état de chose que l'on devrait chercher à corriger, ou à faire cesser le plus tôt possible. Il est en effet évident, d'une part, que si l'on ne peut exercer un contrôle efficace tendant à supprimer l'entrée des vins falsifiés ; et d'autre part, si l'on persiste à admettre les vins étrangers vinés à 16°, on acclimate en France la consommation des vins vinés, il sera même impossible de surveiller le vinage, puisque sa première opération ne se fera pas chez nous.

Mais en attendant une solution définitive, le seul remède est de faire chez nous ce qu'on nous impose ailleurs.

Il ne faut pas oublier que, sous l'influence phylloxérique, nos vins se dépriment comme alcoolicité ; nous produisons des vins dans des terrains profonds, quelquefois humides ; la submersion et l'arrosage chassent le sucre de nos raisins. Sous cette double influence et de l'insecte et des moyens employés pour le combattre, les moyennes de nos vins tombent de 12° à 8° ou 9°.

Il ne faut pas croire, du reste, que les seuls vins

intéressés soient les vins de faible alcoolicité, et que le rétablissement de la liberté du vinage ne servit qu'à la production des petits vins. L'enquête de 1860-1863 sur le vinage démontra que les vins vinés étaient surtout de gros vins. Dans la commune de Marsillargues, sur 250, 000 hectolitres de vins produits, 200 hectolitres seulement furent vinés, et cependant les vins de Marsillargues étaient à peu près tous de petits vins. Pendant ce temps Béziers vinait ses vins ; c'est que pour manipuler les gros vins il faut les viner : ce sont ensuite ces gros vins vinés qui se distribuent, soit dans la région, soit à l'étranger, et servent à couper les petits.

Puisque les traités qui nous lient sont encore faits pour 7 ans, il vaut mieux viner chez nous que laisser entrer sur nos marchés des vins étrangers vinés et souvent falsifiés, qui détériorent nos produits. La continuation d'un tel état de chose jusqu'à l'expiration des traités serait un privilége que nous ne devons pas accorder à l'importation des vins étrangers.

M. Narbonne demande la parole.

Des interruptions prolongées forcent M. le Président à imposer un terme à la discussion, devenue assez animée, et à proposer à l'assemblée le vote par main levée du vœu tendant à établir le vinage à prix réduit, à raison de 25 fr. par hectolitre.

Le vote « pour » réunit un grand nombre de suffrages, et la proposition contraire n'ayant obtenu qu'un nombre de voix très petit, le vœu est adopté à l'immense majorité.

Les vœux tendant à la création du canal du Rhône et à l'uniformisation des tarifs de transport sont mis aux voix et adoptés à l'unanimité.

M. Narbonne propose de demander le transport en grande vitesse et à prix réduit des plants américains et des plants français.

M. X... fait remarquer que les plants américains paient le tarif entier comme poids et 1/2 en sus comme volume. C'est-à-dire que si une tonne de plants amécains était taxée pour 10 fr., par cela seul qu'elle occupe un volume supérieur à son poids, elle payera 15 fr.

M. Narbonne insiste sur la réduction du tarif de grande vitesse, qui seule peut permettre de livrer aux viticulteurs les plants dans de bonnes conditions.

M. Malric voudrait que l'on demandât l'abaissement des droits d'octroi et de ceux de Paris en particulier.

M. le Président. — Messieurs, il ne faut pas faire tant de demandes à la fois, car alors pourquoi ne pas demander aussi la réforme de la constitution ?

M. Vialla propose à l'Assemblée d'aborder la question du mildew.

M. Leenhardt. — Le mildew est aujourd'hui notre plus redoutable ennemi, plus redoutable peut-être que le phylloxera, parce qu'il est fort difficile de le combattre. Plusieurs cépages sont surtout attaqués, particulièrement le Carignan. Il y a deux ans, sa propriété a été surtout envahie dans les bas-fonds, tandis que l'an dernier, ce sont les hauteurs qui ont le plus souffert. Il y a dans l'action de ce parasite des irrégularités singulières. M. Leenhardt se propose d'expérimenter un cépage qui lui a été recommandé par MM. Pulliat et Piola et qui provient de la Dordogne.

M. Despetis rapporte au sujet du sulfure de carbone des faits tendant à faire considérer cet agent comme très sérieux contre le mildew. En plusieurs endroits dans le département de l'Hérault et notamment à Mèze, des vignes sulfurées ont été préservées.

Particulièrement, il a observé deux vignes : l'une plantée de Carignans, l'autre greffée. La première, traitée au sulfure de carbone, a été préservée du mildew ; la seconde, qui n'avait pas reçu le même traitement, a été envahie par le parasite, et cependant ces deux vignes n'étaient séparées que par un chemin de 4 mètres. M. Despetis appuie encore ce qu'il avance par les observations de M. Durand, de Béziers. Là aussi le sulfure de carbone aurait eu la même action favorable contre le mildew.

Il ajoute que M. Malègue, des Pyrénées-Orientales, constate également que les vignes sulfurées se comportent mieux, résistent mieux au mildew. M. Despetis se demande avec le Comice agricole de Béziers quel peut être le mode d'action du sulfure de carbone. Il est porté à croire qu'il agit en rendant les feuilles de la vigne plus épaisses, plus coriaces. Il trouve d'ailleurs en quelque sorte, dans le livre de M. Pierre Viala sur les maladies de la vigne, une confirmation de sa manière de voir. D'après cet auteur, c'est en effet vers la fin de l'aoûtement que la vigne se défend le mieux contre le parasite. M Despetis ne pense pas cependant que la préservation contre le mildew soit complète, mais le remède doit être essayé ; les vignobles du département de l'Hérault sont d'ailleurs de taille à supporter un traitement qui ne dépassera pas 60 fr. par hectare. La sulfuration doit être faite à l'époque ordinaire, c'est-à-dire en hiver.

La sulfuration a été faite à l'époque ordinaire, c'est-à-dire en hiver, mais d'après les idées de M. Malègue et de plusieurs autres personnes, il se propose d'essayer si les traitements d'été ou de printemps, c'est-à-dire faits à une époque plus rapprochée de l'invasion, ne se montreraient pas encore plus efficaces.

Il insiste sur ce fait que les vignes sulfurées n'ont pas été préservées complétement de l'invasion, mais ont résisté à cette invasion : la cryptogame a paru ne pouvoir s'étendre et se développer en grand.

L'orateur termine en demandant que partout des expériences comparatives soient faites ; il pense que le sulfure de carbone ne peut agir directement sur le mildew, il y a donc lieu de rechercher la cause de son efficacité. Pour M. Despetis elle résiderait dans une modification que le sulfure de carbone paraît faire éprouver à la constitution de la vigne.

M. PLANCHON n'est pas disposé à accepter cette interprétation. Si, ainsi que le pense M. Despetis, le sulfure de carbone ne peut agir directement, il serait au moins très intéressant de rechercher quelle est son action sur les spores dormantes. Ces spores sont produites dans l'intérieur des tissus des feuilles ; elles tombent avec celles-ci sur le sol, et là, elles ont résisté jusqu'ici aux divers procédés employés pour les détruire. Pour expliquer l'efficacité du sulfure de carbone, dont parle M. Despetis, ne pourrait-on pas dire que cet agent les contrarie dans leur développement ? M. Planchon se hâte d'ajouter qu'il n'affirme rien ; il serait seulement fort utile de rechercher si le sulfure de carbone atteint ces spores dans le sol.

M. MALÈGUE reconnaît avec M. Despetis, que les vignes sulfurées ont moins de mildew que celles qui n'ont pas été traitées.

Mme LA DUCHESSE DE FITZ-JAMES prie M. le Président de demander quels sont les remèdes employés avec succès contre le Peronospora. C'est là ce qui intéresse les viticulteurs.

Pour M. MALÈGUE, le sulfure de carbone exerce une action favorable, en ce qu'il apporte une certaine fraîcheur dans le sol et permet ainsi l'émission de nouvelles racines.

M. PLANCHON fait observer que si le sulfo-carbonate de potassium excite et favorise l'apparition de nouvelles racines, il n'en est pas de même du sulfure de carbone, qui agit sur la plante comme un toxique et non comme un excitant de la végétation. C'est à la potasse qu'il contient que le premier de ces agents doit son action favorable sur l'émission de nouvelles racines.

M. MALÈGUE s'est très bien trouvé du soufrage comme moyen préventif.

M. Estève a obtenu un succès complet avec une poudre composée de sulfate de fer. Cette année il a déjà fait un traitement préventif, et il se propose d'appliquer sa poudre aux époques ordinaires du soufrage. L'an dernier, il avait fait le traitement au moment de l'apparition du mildiou.

M. Douysset. Dans la haute vallée de l'Hérault, où le Peronospora fait beaucoup de mal, un mélange de soufre et de sulfate 10 % de cuivre a donné d'excellents résultats. Jamais ses vignes n'ont été atteintes, ses voisins au contraire, n'appliquant pas ce traitement, sont envahis chaque année par le parasite.

M. Estève rapporte que M. Millardet n'a qu'à se louer de l'application d'un mélange de sulfate de fer et de sulfate de cuivre.

M. V., dans la Gironde, a employé le sulfate de fer, et il a vu son vignoble ravagé absolument comme ceux de ses voisins qui ne l'avaient pas essayé. Appliqué seul, cet agent n'a pas donné de bons résultats.

M. Malègue surprend un peu l'assemblée, en annonçant que l'irrigation des vignes en sols perméables a agi efficacement contre le mildew. Il donne à l'appui de ce qu'il avance plusieurs preuves qui lui paraissent décisives. Ces faits ont été observés chez lui et chez ses voisins, depuis plusieurs années.

M. de Montlaur a essayé différents traitements : le soufre mélangé de chaux ne lui a donné qu'un très faible résultat.

Le Fungivore (sulfate de fer, soufre et chaux) n'a

pas mieux réussi. Enfin, après avoir appliqué le traitement proposé par M. Foëx, il a essayé l'œnophile ; c'est selon lui le seul remède ayant donné un résultat appréciable.

M. FAUDRIN dit que, dans les Bouches-du-Rhône, plusieurs personnes ont appliqué avec succès 4, 5 et 6 traitements à la chaux vive.

L'action physiologique du soufre paraît très propre à enrayer le mal. Aussi, c'est en multipliant le nombre de soufrages, en employant le soufre sous sa forme la plus divisée, ou contenant le plus d'acide sulfurique, tel que le soufre de sublimation, que l'on pourra limiter l'extension du peronospora de la vigne.

L'action tonique paraît résulter de la formation d'acide sulfureux, que l'humidité de l'air transforme en acide sulfurique. Après un soufrage, les tigelles du Peronospora paraissent quelque peu abattues, mais ne sont pas assez maltraitées pour que l'on rapporte toute l'efficacité du remède à l'action tonique directe de l'acide sulfurique. L'action physiologique doit forcément intervenir.

M. PLANCHON rappelle que M. Skawinsky a récemment étudié la formation et la proportion d'acide sulfurique des diverses variétés de soufre. Il a vérifié également que les soufres les plus riches en acide sulfurique étaient les plus actifs contre l'oïdium. M. Planchon réserve son opinion sur l'action physiologique invoquée par M. Faudrin.

M. REICH a expérimenté un produit suisse, polysulfure de calcium. On l'emploie beaucoup dans les vignobles de Lausanne, où on le substitue au soufre. Son prix est d'ailleurs modéré, 13 fr. les 100 kil., et son effet sur l'Oïdium est reconnu plus énergique que celui du soufre.

M. Douysset pense que les divers procédés énumérés dans les précédentes communications ne sont pas le dernier mot de la question, qui lui paraît devoir être résolue par une méthode beaucoup plus pratique. L'auteur croit avoir reconnu que le mildew n'agit pas sur les sarments verticaux. En conséquence il conseille de planter un échalas au pied de chaque souche et d'y attacher les sarments.

M. Vialla fait remarquer que si le procédé était infaillible, tous les vignobles du Nord où l'on tient les souches relevées devraient être à l'abri des attaques du mildew.

M. Reich dit que s'il en était ainsi, on ne s'expliquerait pas pourquoi l'Espar et la Carignane, dont les sarments sont érigés, sont mutilés par le parasite.

M. Couderc a employé avec avantage un mélange de sulfure alcalin et de sulfhydrate d'ammoniaque. Il prépare d'abord le polysulfure de calcium en unissant le soufre à la chaux, puis il ajoute un sel ammoniacal tel que le chlorhydrate d'ammoniaque. Un autre agent qui lui paraît préférable est le chlorure de chaux ; le chlore se dégage lentement et va attaquer le mildew jusqu'au sein des tissus de la feuille. L'auteur insiste en faisant remarquer que le chlorure de chaux est un des rares composés dont le principe toxique soit volatil et se porte ainsi au devant du parasite. Des expériences directes lui ont montré que les tissus de la feuille n'étaient pas attaqués par le chlore, on atténuerait les difficultés résultant de l'hygroscopicité du chlorure, et qui entravent son épandage, en le mélangeant soit avec du plâtre, soit avec de la chaux.

M. VIALLA interrompt un instant les communications relatives à la destruction du mildew pour donner lecture des vœux qui ont reçu l'approbation de l'assemblée, pour être remis à M. le Ministre, et dont voici la rédaction :

MONSIEUR LE MINISTRE,

Les agriculteurs présents à cette réunion ont l'honneur de remettre entre vos mains les quatre vœux suivants qu'ils ont votés, le premier à l'immense majorité, les trois autres à l'unanimité ;

1º Le vinage à prix réduit à raison de 25 fr. par hectolitre d'alcool pur employé.

2º La réforme des tarifs de chemin de fer pour le transport des vins du Midi, pour que la viticulture méridionale puisse lutter à armes égales contre les vins espagnols, qui bénéficient d'un tarif spécial, leur permettant d'arriver à Paris à un prix moindre que les vins venant du midi de la France.

3º La construction du canal du Rhône si nécessaire à la prospérité du midi.

4º Qu'il soit créé un tarif spécial à prix réduit pour le transport en grande vitesse des plants de vignes.

La rédaction de l'adresse à M. le Ministre est adoptée à l'unanimité.

M. Vialla remet aux présidents des sociétés d'agriculture présents à la réunion quelques exemplaires du Bulletin Météorologique du département de l'Hérault, offerts par M. Crova au nom de la commission météorologique.

M. Marès rappelle que le peronospora est un parasite cryptogamique qui s'établit surtout dans les tissus verts de la vigne. Sous son influence, la matière verte disparaissant, il y a étiolement. Les fruits atteints directement ne tardent pas à tomber ; dans tous les cas, leur maturité est toujours entravée quand elle n'est pas rendue impossible. On a étudié sur le Peronospora l'action de diverses matières toxiques ; aucune d'elles, jusqu'à présent, n'est suffisante pour tuer les propagules intérieures qui subsistent et reproduisent l'invasion. Jusqu'ici l'application du soufre lui a encore paru le remède le meilleur. En effet, indépendamment de son action toxique sur les parasites cryptogamiques, le soufre exerce sur la vigne une action physiologique très-remarquable. On constate facilement après un soufrage le double résultat suivant : l'oïdium est détruit, s'il s'agit de cette cryptogame, et la végétation de la vigne est améliorée. Le fait peut donner lieu à diverses explications, mais c'est un fait constaté et bien établi. La vigne en devient de plus en plus résistante. Or, le premier effet d'un parasite tel que le mildew est de paralyser la vigne ; il faut, pour qu'elle reprenne sa vigueur, qu'elle reçoive une impulsion nouvelle. C'est ce que le soufre produit d'une manière remarquable ; aussi tous les fungivores proposés contre le Mildiou contiennent-ils beaucoup de soufre. M. Marès ajoute que depuis plusieurs années il a proposé le soufre contre le Mildiou et contre l'Anthracnose, et que dans les deux cas, de même que contre l'Oïdium, il a reconnu que ce sont les soufres sublimés, les plus riches en acide sulfurique, qui donnent les meilleurs résultats.

Sulfocarbonate. — Sulfure de Carbone.

M. le Président donne la parole à M. P. Mouillefert pour une communication sur les traitements par le sulfocarbonate de potassium.

M. Mouillefert dit qu'il y a près de douze années que les traitements au sulfocarbonate ont été commencés, et que ce qu'il importe maintenant de considérer, ce sont ceux qui ont été faits d'une manière suivie pendant plusieurs années. En effet avec les traitements non renouvelés faits une fois, ou même deux fois seulement, l'action du remède se trouve le plus souvent masquée, soit par l'ignorance où l'on était du véritable degré de la maladie, soit par la force vive de cette dernière ; c'est pour avoir méconnu ces faits que beaucoup de propriétaires ont à tort abandonné la lutte, alors qu'en réalité des effets remarquables avaient été produits. Ce n'est donc pas sur des opérations passagères ou discontinues qu'il faut s'appuyer pour estimer la valeur du sulfocarbonatage, mais sur

des traitements comprenant plusieurs années d'expé-
rimentation.

Or, aujourd'hui les exemples de traitements de
trois, six et même neuf ans, sont nombreux dans la
région. Les plus connus sont :

1° Ceux du Mas de Las-Sorres, qui remontent à
1876. Là, de tous les nombreux remèdes essayés sur
ce célèbre champ d'expérience, seuls les carrés traités
au sulfocarbonate ont résisté et sont prospères.

2° Ceux de M. Henri Marès, sur sa propriété de
Launac, qui remontent à 1878, où l'on voit des vignes
dont la production, par hectare, était tombée au dessous de 10 hectolitres, donner depuis plusieurs années
une production variant, suivant les circonstances, de
60 à 150 hectolitres ; on peut également voir, chez le
même propriétaire, des carrés de jeunes vignes créés
sur des terrains phylloxérés amenés à la production,
grâce au sulfocarbonatage.

3° Chez M. Teissonnière, à la Provenquière, les
traitements remontent à 1879, et ont permis de maintenir, malgré le phylloxera, une production moyenne
de 90 hectolitres à l'hectare, sur une superficie de
80 hectares.

4° Chez M. Culeron, à Lignan près Béziers, on
constate une production moyenne dépassant 100 hectolitres à l'hectare, résultat d'ailleurs récompensé
par le Comice agricole de Béziers, qui a accordé
récemment à ce propriétaire une de ses plus belles
récompenses.

On pourrait aussi citer beaucoup d'autres exemples

de résultats constants et anciens dans le département de l'Hérault.

5° Dans l'Aude et les Pyrénées-Orientales, les traitements ayant trois, quatre et même cinq années sont si nombreux, que l'on ne peut songer à les énumérer ; et tous ont donné les résultats les plus remarquables, et sont continués par les propriétaires.

Des exemples semblables se rencontrent dans les Charentes et dans la Gironde ; là, la cause du sulfocarbonatage est complétement gagnée ; tous les grands crûs du Médoc sont aujourd'hui traités par le sulfocarbonate, notamment Château - Laffitte, Montrose, Portet, Canet, Margaux, Monteu, Rotschild, etc.

M. Mouillefert ajoute que, pour ne pas fatiguer l'assemblée, il se tiendra à ces exemples, qui suffiront pour convaincre les plus incrédules de l'efficacité du sulfocarbonate.

Bien que l'efficacité du sulfocarbonate soit aujourd'hui bien démontrée, les propriétaires doivent néanmoins faire un choix judicieux des vignes qui doivent recevoir ce traitement. Indépendamment de la considération du chiffre de la production en argent, il ne faut en principe traiter que celles en bons fonds et qui semblent déjà vouloir se défendre naturellement le mieux de la maladie.

Il va sans dire que, dans tous les cas, les bonnes cultures, les copieuses fumures ne doivent jamais être négligées.

Quant au prix du traitement, dans l'état actuel des

choses, pour des doses variant de 75 à 120 grammes de sulfocarbonate par souche et de 25 à 40 litres d'eau, il se trouve être compris entre 7 centimes 1/2 à 10 centimes par souche, soit en moyenne 350 à 360 fr. par hectare.

Ce chiffre, du premier abord, paraît considérable ; mais lorsqu'il s'agit de vignes donnant 1800 fr. et au delà de produit brut par hectare, et ces vignes comprennent encore dans le Midi plus de 200,000 hectares, ce n'est pas une dépense exagérée ; réunie à celles d'autre nature, elle ne fait pas arriver le montant total des frais par hectare, à plus de 1000 à 1200 fr. et laisse encore un bénéfice net d'au moins 6 à 800 fr. par hectare, chiffre qu'aucune autre culture ne peut atteindre. On voudra bien de plus ne pas oublier que les vignes capables de laisser un plus fort bénéfice sont encore, dans le Midi, très nombreuses.

On a souvent comparé la dépense du sulfocarbonatage avec celle des traitements au sulfure ; tout en reconnaissant le mérite de ce dernier mode, la vérité est que, tout compte fait, la première opération n'est pas plus coûteuse que la seconde, et si l'on fait entrer en ligne de compte les qualités propres du sulfocarbonatage, tels que : apport d'une quantité considérable d'eau dont tout le monde connaît les heureux effets, la plus grande certitude dans l'efficacité, avec des risques moindres d'affecter la vigne, la supériorité, enfin, des vins des traitements au sulfocarbonate, il suffira d'ajouter une somme de 120 fr. (400 kil. de nitrate de soude et 300 kil. de phosphate minéral), soit en tout 470 fr. au sulcarbonate qui coute 350 fr. pour un traitement et une fumure complète ; tandis qu'avec du sulfurage, qui coûte 180 à 200 fr., on fait une dépense en fumure de 330 à 350 fr., soit au total de 510 à 530 fr. En d'autres termes avec le sulfurage on fait le contraire pour arriver finalement au même résultat, avec les avantages ci-dessus énumérés en moins.

De tous ces faits, M. Mouillefert conclut en ces termes : la viticulture méridionale se trouve aujourd'hui en possession d'un excellent remède pour combattre le phylloxera, remède sur lequel les propriétaires peuvent compter sûrement, s'ils savent l'appliquer rationnellement et avec la constance nécessaire qui seule peut assurer le succès. Mais il faut comprendre que lorsqu'on a laissé envahir un vignoble par la maladie, lorsqu'on l'a laissé détruire en partie, il ne peut être ramené à la prospérité en quelques mois et par un seul traitement. Aussi, pour éviter les déceptions, le mieux est-il de traiter sinon préventivement, au moins dès le début de la maladie.

M. Mouillefert, ayant demandé à dire quelques mots de la question des traitements aux solutions du sulfure de carbone, rappelle que ce produit étant soluble dans la proportion de 2 grammes par litre d'eau, on arrive aisément à appliquer par souche de 30 à 40 grammes de sulfure de carbone dilués dans 40 litres d'eau. Pour arriver à ce résultat, il n'est pas nécessaire d'employer d'appareils spéciaux : pompes et malaxeurs ; l'outillage actuel du sulfocarbonatage se prête très-bien à la chose. M. Mouillefert a déjà fait, vers le commencement du mois de mars dernier, des essais de ce remède, notamment à Gaillac, chez Mme la baronne d'Ydersen. Les résultats en seront publiés prochainement.

Si, comme on a tout lieu de le croire, la solution *sulfocarbonique* est efficace, les viticulteurs se trouveront en possession d'un troisième moyen d'appliquer le sulfure de carbone, qui, tout en étant inférieur au sulfocarbonatage, sera néanmoins très supérieur aux autres modes, tout en étant d'un prix très-abordable, que l'on peut dès maintenant évaluer de 200 à 220 fr. par hectare.

M. Dolfus. Dans l'Ouest on est très satisfait des résultats de l'emploi du sulfocarbonate de potassium, il n'altère en rien la qualité des vins. Mais il y a lieu de croire qu'il ne pourra pas maintenir pendant longtemps les vignes aux prises avec le phylloxera.

M. Culeron rappelle que c'est M. Dumas qui a proposé le premier le sulfocarbonate pour combattre la maladie de la vigne. Il contient 15 % de sulfure de carbone et 22 % de potasse ; on doit toujours s'assurer de l'exactitude de ces deux quantités. Le traitement doit être fait pendant l'hiver, de novembre à avril. En dehors de cette époque, il ne produit pas plus de résultats qu'un simple arrosage et présente l'inconvénient de coûter beaucoup plus cher. La dose à employer est de 100 grammes de sulfocarbonate dans 40 litres d'eau, versés dans une cuvette pratiquée au pied de chaque souche. On laboure peu de temps après et on comble la cuvette.

Pour qu'un pareil traitement donne tous les résultats qu'on peut en attendre, il doit être fait avec beaucoup de soins, automatiquement presque, à l'aide d'appareils perfectionnés.

Ceux qui ont été imaginés par M Mouillefert satisfont bien à la plupart des desiderata; mais ici encore la parfaite exécution du traitement est subordonnée à la bonne volonté de l'ouvrier. Un mélange imparfait, une erreur trop vite commise dans le dosage de la quantité de sulfocarbonate à verser dans les 40 litres d'eau peuvent compromettre les résultats. M. Culeron a obvié à tous ces inconvénients par l'emploi d'un bidon doseur de son invention. Cet appareil se compose d'un récipient pouvant contenir 40 litres d'eau; au dessus un doseur permet de n'employer que la quantité de sulfocarbonate juste nécessaire. Le dosage se fait ainsi d'une façon très exacte. En prenant toutes ces précautions, M. Culeron a maintenu son vignoble dans une belle végétation; il applique le sulfocarbonate depuis 9 ans.

Incident. — L'assemblée est divertie pendant quelques instant par un membre convaincu qui prétend avoir trouvé le moyen de détruire le phylloxera. Son procédé consiste à placer de l'herbe autour de chaque souche.

M. LE PRÉSIDENT demande à l'assemblée de s'occuper du sulfure de carbone.

M. DESPETIS. Les effets excellents du sulfure de carbone ne sont plus à contester. Comme preuve de la valeur de cet insecticide, il suffit de signaler les nombreuses usines qui fabriquent ce produit et qui suffisent à peine à la vente. L'emploi du sulfure de carbone appliqué d'abord à l'aide de pals, appareils assez incommodes, est devenu beaucoup plus facile depuis l'invention d'instruments tels que la charrue sulfureuse, qui rend à la fois le traitement meilleur marché et l'application aisée, permettant en outre de n'employer que la quantité de sulfure reconnue la meilleure.

M. VAISSILLIÈRE, professeur départemental d'Agriculture de la Gironde, rapporteur du concours de charrues sulfureuses qui a eu lieu dernièrement à Bordeaux, reconnaît encore quelques défectuosités aux instruments ayant fonctionné dans les concours.

Il engage les constructeurs à perfectionner la régularisation du dosage, dans la crainte qu'un travail de longue durée ne détermine des arrêts ou des irrégularités de travail, et ajoute qu'il faut en outre étudier le prix de revient des traitements.

Sulfurant depuis trois ans, exclusivement à la charrue sulfureuse, une assez grande étendue de vignes, l'expérience personnelle de l'orateur lui permet d'affirmer que les désidérata sont aujourd'hui entièrement remplis.

M. DESPETIS a sulfuré, à l'aide de 2 charrues, 34 hectares, la première moitié à 108 kilos à l'hectare, et la seconde à 185 kilos ; la dépense théorique de sulfure de carbone aurait dû être, d'après la distance parcourue, de 5,138 kilos environ ; elle a été de 5,190 kilos, laissant un excédant de dépense de 51 kilos.

dont l'évaporation et les pertes inévitables rendent parfaitement compte; le dosage a donc été pendant toute
l'opération d'une régularité parfaite.

Les deux charrues ont fonctionné l'une 50 jours,
l'autre 27 jours et demi. Elles ont parcouru, à raison
de 13,332 mètres à l'hectare, 453 kilomètres. Il n'y a
eu pendant tout ce temps qu'une interruption d'une
demi-heure imputable au conducteur de l'un des instruments, et la réparation, faite par le maréchal de la
campagne, n'a coûté que 0,50 centimes.

Le travail à force et prolonge est donc assuré avec
certains de ces instruments.

Le prix de revient pour 25 hectares 46 centiares,
dont 8 hect. 08 ont reçu le traitement double à 108
kilos, frais d'amortissement compris, et en comptant la
journée de mule et d'homme à 6 fr. 50, est revenu à
102 fr. par hectare.

Ce chiffre s'abaissera encore davantage par la diminution espérée du prix du sulfure et la diminution de
la quantité d'insecticide employé; M. Despetis compte,
l'année prochaine, n'employer que 150 kilos en un seul
traitement, ce qui mettrait le prix de revient au-dessous
de 80 fr. l'hectare.

Bien peu de vignes françaises parmi celles qui existent encore, peuvent être mises au nombre de celles
qui ne pourraient supporter un supplément aussi mi-
nime à ajouter aux frais de culture ordinaire.

Quant aux effets du traitement, ils s'accusent tous
les jours. Le 2me traitement a donné beaucoup
plus de bois, et un supplément de récolte sensible,

et la tenue des vignes fait espérer que bois et fruits augmenteront encore beaucoup cette année.

Les vignes traitées, même les plus malades, peuvent être considérées comme étant en excellente voie de reconstitution.

L'orateur croit devoir ajouter que, s'il est bien décidé à faire tous ses efforts, pour conserver par tous les moyens possibles les vignes franches de pied qui lui restent, il ne se sert que des vignes américaines pour reconstituer la partie de son vignoble disparue, et le chiffre des vignes ainsi en voie de reconstitution avec les cépages exotiques atteint aujourd'hui près de 60 hectares et sera doublé avant peu d'années.

M. VIALLA. D'après l'ancienne théorie, on admettait que le sulfure de carbone devait par ses vapeurs agir de bas en haut; de sorte qu'on était amené à enfouir profondément l'insecticide, ce qui en rendait l'emploi plus coûteux. Depuis, cette théorie a été modifiée, et s'appuyant sur des idées nouvelles, on place aujourd'hui, à l'aide de la charrue sulfureuse, le sulfure de carbone à de faibles profondeurs, l'insecticide devant descendre par son poids dans les profondeurs du sol. C'est une révolution complète dans l'emploi du sulfure de carbone.

M. PAUL DE NARBONNE a été un des premiers à recommander un enfouissement peu profond ; il est d'ailleurs, selon lui, inutile de tasser le sol.

M. MARÈS rapporte qu'à Las Sorres où le phylloxera agit avec une grande intensité, on a étudié le sulfocarbonate de potassium sur des vignes américaines et sur des plants français. Des vignes américaines faiblement chlorosées se sont rétablies complétement et sont devenues aussi belles que les plants américains les plus vigoureux. M. Marès donne comme exemple de l'effi-cacité de cet insecticide les résultats obtenus sur des Clintons, qui portent actuellement de belles greffes de 3 ans. Pour le Cunningham, les produits ont quadruplé. De son côté, le Taylor donne de beaux produits, quand il est traité par les insecticides.

Chez M. Marès, à Launac, les insecticides ont donné depuis 1878 des résultats constants. Si la vigne qu'on se propose de traiter n'a pas encore trop souffert et qu'elle se trouve en état de résister, il y a lieu d'employer les insecticides.

Mildew.

M. le Président, appelant la discussion sur le Mildiou, prie M. Foëx de donner quelques explications au sujet de ce parasite.

M. Foëx. La question se pose à deux points de vue: chercher d'abord des plants résistants au parasite. Sous ce rapport des progrès ont été faits; certains cépages paraissent jouir d'une immunité à peu près complète, mais, à côté d'eux, d'autres le Petit-Bouschet par exemple, sont, selon les circonstances, plus ou moins atteints. La Mondeuse de la Savoie, la Syrah, comptent parmi les plus réfractaires, ainsi que plusieurs autres cépages, du Sud-Ouest notamment.....

L'arrivée de M. Hervé-Mangon, ministre de l'Agriculture, interrompt les explications données par M. Foëx.........

RÉCEPTION DE M. LE MINISTRE DE L'AGRICULTURE.

M. le Président prononce l'allocution suivante :

« Monsieur le Ministre.

» Votre présence en ce lieu est pour nous un grand honneur et une grande joie.

» Autrefois l'agriculture n'avait pas de représentant dans les conseils du Gouvernement. Elle n'en était pas jugée digne. Quand on commença à la compter pour quelque chose, et il n'y a pas longtemps qu'on l'a fait, elle fut associée au ministère du commerce et des travaux publics ; Dieu sait la part qu'elle eut dans cette triple alliance ! Aujourd'hui elle a un ministre à elle, pour elle seule, et par une bonne fortune qui ne s'est, je crois, jamais vue, le ministre qu'elle a est un de nos maîtres les plus éminents dans la science agricole ? Qui ne connaît les travaux de M. Hervé-Mangon sur la mécanique agricole, sur la météorologie, sur les canaux ? Aussi sommes-nous heureux en ce moment de pouvoir saluer en vous, Monsieur le Ministre, le savant et le chef de l'Agriculture française. Nos intérêts seront certainement mieux défendus à l'avenir, et nous ne verrons plus les demandes et les vœux que nous aurons à vous adresser se perdre presque toujours en route, comme ils le faisaient autrefois.

» Notre pays, comme vous le savez, vient de subir un désastre sans exemple dans les fastes de l'agriculture. Dans l'espace de quelques années, il a perdu presque toutes ses vignes, et il a passé tout d'un coup de la plus grande prospérité à la plus grande détresse. Il faut bien le dire à sa louange, il ne s'est pas découragé en présence de tant de malheur ; au lieu de se plaindre, il a combattu, et il est aujourd'hui en train de se relever.

» Au moment où nos plus grands désastres arrivèrent, l'art de bien employer les insecticides n'était pas encore connu. La Société centrale d'Agriculture de l'Hérault, qui les avait presque tous essayés sans succès, dut chercher d'autres moyens de salut. Elle se tourna du côté des cépages américains. Mais ces cépages, eux aussi, étaient si peu connus et si difficiles à connaître, qu'elle fut obligée d'envoyer un de ses membres aux Etats-Unis pour les étudier dans leur propre pays. Après plusieurs années de recherches, d'expériences et d'études de toute espèce, quand elle se fut bien assurée que cette voie serait vraiment bonne, elle en avertit notre pays, et notre pays se mit aussitôt à l'œuvre. Répondant avec empressement à l'appel qu'elle leur adressa, les viticulteurs de notre région et des régions voisines accoururent en foule aux réunions organisées par elle à l'Ecole d'Agriculture de Montpellier, il en vint même de l'étranger, et là, mettant en commun ce qu'ils avaient vu et ce qu'ils avaient fait, discutant tour à tour sur les applications et sur les principes, sur leurs succès et sur leurs échecs, tous ces viticulteurs rassemblés pendant plusieurs jours ne tardèrent pas à sentir qu'ils se retiraient de nos réunions plus forts, plus convaincus, plus éclairés qu'à leur arrivée. Ils prirent dès lors l'habitude de revenir chaque année. Vous avez en ce moment, Monsieur le Ministre, une de ces réunions sous vos yeux.

» Je serais bien incomplet si j'oubliais de dire que les femmes, elles aussi, prirent part au grand mouvement dont je viens de vous parler. Nous en avons une dans cette enceinte qui a pensé avec juste raison qu'elle ne ternirait pas son blason et qu'elle ne flétrirait pas sa couronne ducale en se mêlant aux ouvriers agricoles de son pays.

» Quant à l'École d'Agriculture, les savants travaux qu'elle a publiés, les services de toute espèce qu'elle a rendus, l'hospitalité généreuse qu'elle a toujours donnée à nos réunions annuelles, ont fait d'elle une espèce de cité sainte de la viticulture méridionale ; elle est en quelque sorte pour nous ce que l'ancien temple de Jérusalem était pour les Juifs dispersés.

» Notre tâche, Monsieur le Ministre, n'est pas encore terminée, mais elle serait bien près de l'être, si nous n'avions pas un grand ennemi à combattre, le mildew. Espérons que nous parviendrons à le vaincre à l'aide de la science et du travail persévérant. Voici bien exactement où nous en sommes aujourd'hui au point de vue de la reconstitution de nos vignes. Nous ne nous occupions, il y a quelques années, que des moyens pouvant nous permettre de produire un peu de vin. Nous nous sommes occupés hier et aujourd'hui des moyens d'améliorer et de vendre celui que nous produisons.

6

» Vendre son vin quand on n'en a pas vendu depuis longtemps est une grosse affaire, et notre pays n'est pas sans inquiétude à ce sujet. Quand nous commençâmes, il y a quelques années, à perdre nos vignes, on fit appel aux vins de tous les pays voisins, et aujourd'hui notre production renaissante trouve sur notre marché national des millions d'hectolitres de vins étrangers qui occupent la place qu'elle devrait avoir. Ces vins sont presque tous attirés en France par la prime considérable (souvent 7 ou 8 fr. par hectolitre) qu'ils y trouvent, grâce au vinage en franchise dont ils jouissent chez eux et dont nous sommes privés chez nous. Cette situation est certainement sans exemple. On a bien vu des partisans de ce qu'on appelle la protection douanière, on a bien vu des partisans de ce qu'on appelle la liberté commerciale, mais ce qu'on n'avait jamais connu encore, c'est un système consistant à accabler les produits étrangers de faveurs et les produits nationaux d'impôts. C'est celui qui régit actuellement en France la production et le commerce du vin.

» D'après nous, Monsieur le Ministre, d'après l'immense majorité de cette assemblée, le seul remède efficace contre cette situation intolérable, c'est la réduction du droit de vinage à vingt-cinq francs par hectolitre d'alcool pur employé. Le Gouvernement l'a qien compris comme nous, mais ses efforts ont échoué devant les votes de la Chambre des députés. Il faut, sans doute, se résigner et se soumettre, mais il ne faut pas se décourager, et nous aimons à penser,

Monsieur le Ministre, que vous voudrez bien faire tous vos efforts pour obtenir qu'on nous rende justice.

» Une autre question moins importante que le vinage préoccupe aussi notre pays. Les vins expédiés directement d'Espagne à Paris jouissent sur les chemins de fer français de tarifs proportionnellement moins élevés que les tarifs appliqués aux vins expédiés du Midi. Le commerce et l'agriculture se plaignent beaucoup, dans nos pays, de cette inégalité injuste.

» Nous devons tous à ce sujet des remerciements particuliers à M. le Directeur de l'Agriculture, à M. Tisserand, qui s'est occupé avec soin de cette question. Nous en avons la preuve certaine, et nous savons tous ce que valent les soins que M. le Di.ecteur de l'Agriculture donne à une question.

» Que vous dirai-je, Monsieur le Ministre, du canal du Rhône ? C'est une question que vous connaissez mieux que nous, et vous savez à quel point elle passionne depuis longtemps notre pays. Personne n'ignore parmi nous les grandes difficultés financières qui pèsent sur elle en ce moment. Mais ces difficultés ne seront pas éternelles, et en attendant qu'il soit possible de les surmonter, ne pourrait-on pas en finir avec les discussions techniques qui se renouvellent sans cesse, et qui menacent de ne jamais finir : La rive droite, la rive gauche, la traversée du Rhône, les machines élévatoires, les canaux divisés, que sais-je encore... Il nous semble que toutes ces discussions devraient disparaître d'une manière définitive, si vous vouliez bien prendre en main cette question, vous, Monsieur le Ministre, qui êtes certainement l'homme de France le plus compétent en matière de canaux.

» Je dois vous dire encore, Monsieur le Ministre, qu'un certain nombre de viticulteurs demandent qu'il soit établi un tarif spécial à prix réduit pour le transport en grande vitesse des plants de vignes. Il importe que les viticulteurs de tous les pays puissent se procurer facilement tous les moyens de reconstitution employés en ce moment.

» Monsieur le Ministre, je vous demande, en finissant, la permission de vous lire les vœux que cette assemblée a chargé son bureau de vous remettre. »

(M. le Président donne alors lecture à M. le Ministre des quatre vœux votés le matin : le premier à une immense majorité, les autres à l'unanimité.) (Voir à la page 292 l'énoncé de ces vœux).

Le Ministre de l'Agriculture répond au discours de M. le Président en ces termes :

« MESSIEURS,

» Permettez-moi d'abord de remercier M. le Président des paroles trop bienveillantes qu'il m'a adressées personnellement. C'est vrai, j'ai beaucoup étudié les irrigations, je leur ai consacré toutes les forces de mon travail ; mais elles me l'ont bien rendu, car je leur dois l'honneur d'appartenir à l'Académie des Sciences de France.

» Je répondrai au sujet des vœux qui m'ont été adressés, que, pour le vinage, nous avons échoué, je dis nous, car je l'ai voté ; mais on a obtenu du moins le sucrage à prix réduit, ce qui permettra de remonter les marcs.

» Par là, le Midi sera d'accord avec le Nord ; il se fera le consommateur des sucres de betteraves.

» Quant à la réforme des tarifs, je n'ai rien à dire ; l'éminent directeur de l'agriculture s'en est spécialement occupé.

» Pour le canal du Rhône, je reconnais sans peine avec vous, Messieurs, car j'aime les irrigations, combien cette entreprise serait utile pour votre région. Avec les irrigations on fait de tout, on fait honnêtement et loyalement du bon vin avec de l'eau. Qui veut du pain, dit un ancien proverbe, fait du foin, et pour faire du foin, il faut de l'eau. Nul pays n'est mieux doté que le nôtre en cours d'eau ; l'Italie même nous est inférieure à ce point de vue. Nous avons de l'eau et nous la laissons perdre, c'est une folie insigne, conséquence du préjugé déplorable que l'irrigation n'est bonne que dans le Midi. Pourtant les plus belles irrigations de France et de l'Europe sont dans les régions septentrionales : dans les Vosges, en Normandie, en Prusse, en Angleterre. Les irrigations sont donc bonnes partout, c'est le vrai moyen de fertiliser la France. Serai-je plus heureux que les hommes compétents, mes prédécesseurs? Mais soyez persuadés, Messieurs, que je ferai tout ce que je pourrai. (Applaudissements.)

» Quant au 4me vœu le transport des plants de vignes, nous n'en ferons pas une question de cabinet. (Sourires.)

» M. le Président vous a rappelé avec raison que le ministère de l'agriculture était une création de la République. C'est qu'en effet, la République a compris que les intérêts de l'agriculture devaient être sa plus grande sollicitude. Aimer l'Agriculture n'est-ce pas aimer la République? (Applaudissements.) »

REPRISE DE LA SÉANCE.

M. Vialla a observé depuis longtemps la résistance du Petit-Bouschet aux attaques du Mildiou. Au milieu d'une pépinière de Jacquez, âgée de 2 ans, se trouvaient quelques Petit-Bouschet maintenus dans une belle végétation par l'irrigation. Leurs sarments s'entre-croisaient avec ceux du Jacquez; ils n'ont presque pas souffert du Peronospora, tandis que le Jacquez a été très-atteint. Les Chasselas paraissent jouir d'une certaine immunité. Quant à l'Alicante qui est beaucoup cultivé dans la Provence, — trop cultivé même, il dépérit sous l'action du Peronospora ; on se demande si les cépages qu'il a donnés par hybridation avec le Teinturier seront indemnes.

M. Lavit confirme les observations de M. Vialla.

Les vignobles de M. Dolfus, à Saint-Estèphe, ont été très-attaqués par le Mildiou ; ils n'ont produit qu'un mauvais vin et en petite quantité. Plusieurs remèdes ont été expérimentés : mélange de sulfate de

fer et de plâtre dans le rapport de 1/9, soufre et
autres poudres dont la composition n'est pas connue ;
ancun d'eux n'a donné de bons résultats. Le fléau s'est
arrêté près de Bordeaux, où on cultive les mêmes cépages qu'à Saint-Estèphe.

L'anthracnose a été combattue avec succès par un
badigeonnage des souches avec une dissolution con-
centrée de sulfate de cuivre,

D'après M. GERVAIS, les vignes d'Aigues-Mortes
traitées par le soufre sublimé n'ont pas été atteintes.
Ce fait a été d'abord observé dans le vignoble de
Clavelet de la Compagnie des Salins. Puis on a soufré
de la même manière la plupart des autres vignobles.
Tous ont été à peu près garantis de la maladie, tandis
que ceux traités par le soufre trituré ont été très attaqués. M. Gervais attribue cette action du soufre
sublimé à son adhérence plus parfaite sur les feuilles,
les fruits... et à l'acide sulfurique qu'il contient
toujours.

Un membre possède un vignoble près de ceux de
la Compagnie des Salins. Il le traite chaque année
par le soufre sublimé, à la dose de 200 k. pour 30
ares. Son action sur le Peronospora a été nulle.

M. VIALLA rappelle que l'humidité de l'air et du
sol est une condition favorable au développement du
Peronospora. Mais il fait observer que les vignes
sont d'autant plus attaquées qu'elles sont plus grasses.
A l'appui de son dire, il cite les faits suivants : Dans
une vigne plantée en cépages américains, on répandit
par mégarde une charretée de fumier autour de quel-

ques ceps seulement. Au printemps suivant ces souches fortement fumées furent seules attaquées par le Peronospora ; le reste de la vigne ne fut pas atteint. Le même fait a été observé ailleurs.

Dans les Cévennes, où le mildew ne fait pas autant de mal qu'on pourrait le croire, à cause de la faiblesse de la température, j'ai vu au pied d'une montagne, mais sur la pente, un Jacquez bien cultivé, bien fumé, éprouvé par le mildew. Plus bas dans un endroit plus humide, près d'un ruisseau pas bien loin de la rivière j'ai vu un Jacquez moins gros, moins développé et n'ayant pas souffert.

Chez M. Leenhardt, qui se plaint du mildew quoiqu'il ne soit pas placé dans des conditions d'humidité au moins apparentes, je crois que la végétation exubérante de ses Jacquezs n'est pas sans influence sur la fréquente apparition de ce parasite Le mildew doit trouver un milieu excellent pour lui dans les tissus riches et gras des vignes très-bien nourries.

M. Marès résume rapidement les principaux faits relatifs à cette maladie qu'il a observés depuis 1880. Ce qui l'a surtout frappé, c'est la rapidité avec laquelle le mildiou se développe dans les années qui lui sont favorables. Mais si de longues sécheresses alternent avec des pluies peu nombreuses, et c'est précisément le cas de la région méditerranéenne, le parasite se propage avec moins d'intensité. On peut alors le combattre avec efficacité par des soufrages énergiques, appliqués lorsque la température n'est pas trop élevée, et autant que possible tous les quinze

jours. Le soufre sublimé est celui que l'on doit pré-
férer, à cause de l'intensité de son action et probablement aussi à cause de l'acide sulfurique qu'il ren-
ferme toujours. Si on veut utiliser dans le même but les
soufres triturés, on peut les porter dans des chambres
à soufre, où l'on fait passer de l'acide sulfureux. Ils en
retiennent une certaine quantité, qui, en présence de
l'air, se transforme en acide sulfurique. On a ainsi des
soufres triturés acides, parfaitement convenables
pour le traitement du mildiou et de toutes les autres
maladies cryptogamiques : oïdium, anthracnose....

Leur teneur en acide sulfurique varie ordinairement
de 15 à 30 dix millièmes. Ainsi donc, la lutte contre
le Peronospora est possible surtout dans le Midi, mais
à la condition que les soufrages soient appliqués en
temps convenable, et aussi souvent que les circonstances l'exigent.

M Maistre signale un procédé qui est employé
dans le Bordelais pour préserver les vignes du mildew.
Il consiste à placer au-dessus de chaque souche une
planche supportée par un échalas. Il fait remarquer que, dans le Midi, ce sont surtout les petites
pluies qui favorisent le développement de la maladie.
Elles ne profitent pas beaucoup au sol, et la vigne
souffrant de la sécheresse se laisse plus facilement
envahir. Il recommande les irrigations.

CLOTURE DES SÉANCES

Mme la Duchesse de Fitz-James, au nom des viticulteurs du Gard et des Bouches-du-Rhône, remercie M. Vialla pour le dévouement qu'il apporte dans la discussion de toutes les questions viticoles qui intéressent le Midi, et le félicite du talent avec lequel il préside ces séances où accourent tant de viticulteurs.

M. le Président reporte sur les nombreux viticulteurs qui ont répondu à l'appel de la Société d'Agriculture tout le bien qui pourra résulter de nos réunions de cette année. Il fait des vœux pour que des réunions semblables aient lieu tous les ans. Après les grands résultats que nous avons obtenus, nous devons redoubler de zèle. Le travail d'ailleurs est la tâche de l'humanité. Nous devons tous unir nos efforts vers un but commun : le relèvement de notre viticulture.

Nos réunions annuelles, si instructives, si fécondes, ont eu, entr'autres avantages, celui de créer entre nous une grande confraternité agricole. Cette confraternité aura croyez-le bien, les meilleurs résultats. Il y aura, toujours des questions nouvelles à étudier, des difficultés inconnues à vaincre. Les hommes dévoués, unis et laborieux seront toujours nécessaires dans tous les cas et, quoi qu'il arrive, on nous trouvera toujours prêts à bien servir les intérêts agricoles de notre pays.